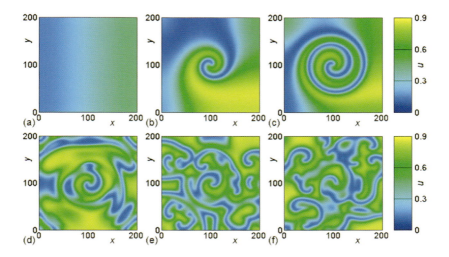

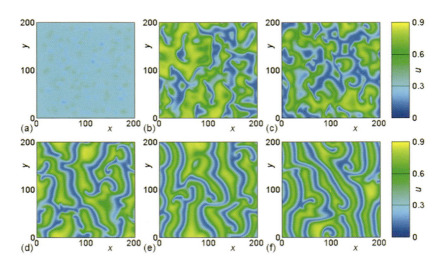

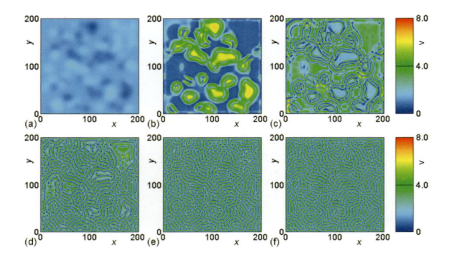

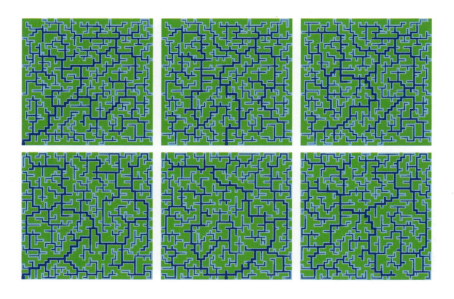

微分方程式による数理モデルと複雑系

芹沢 浩

現代数学社

はじめに

「複雑系」という言葉がいつ，誰によってはじめて使われたか，私はあまり詳しく知らない．恐らく20世紀も終わりに近づいた頃，アメリカのサンタフェ研究所あたりで，誰か若手の研究者によって使われたのが最初だろう．しかし，たとえ誰が最初に使ったとしても，なぜ「複雑系」という言葉を新たに創作する必要があったのかという当時の学問的背景については十分に詮索する価値がある．その頃，すでに「カオス」や「フラクタル」という言葉は十分に定着していたと思われる．しかし，これらの言葉は混沌としているが，どこか静的な状態を思い起こさせ，新しい秩序，コスモスが生み出されるダイナミックなプロセスを表現するには適さない．そのような既存の「カオス」や「フラクタル」という言葉には収まり切れない何かを表現しようとしたときに，「カオスの縁」，「自己組織化」，「創発」といった言葉とともに創造されたのが「複雑系」という言葉だったのではないだろうか．コンピュータの中で自ら進化する人工生命の出現が話題になったのもその頃のことである．現在，当時のような熱気は冷めたが，複雑系の科学は「カオス」や「フラクタル」も含めた複雑な現象を広く扱う分野として，科学者の間に定着しているのではないだろうか．

実際にその言葉を使ったかどうかはともかくとして，複雑系の科学の実質的な創始者をプリゴジンだとすることに異論を唱える人はほとんどいないだろう．実際，プリゴジンはニコリスとの共著で『複雑性の探究』というタイトルの本も書いている．それ以前にも複雑さを問題にした科学者は存在した．例えば，ポアンカレは3体問題を提起したし，チューリングはチューリングパターンを発見した．しかし，彼らは生涯の一時期に複雑性の問題に関わったとしても，この問題の探究に生涯を

捧げたわけではない．歴史上，はじめてこの問題に生涯をかけて取り組んだ科学者，複雑さを非平衡熱力学と関連づけながら複雑でかつ安定な構造，すなわち散逸構造という概念を初めて提起した人物は他ならぬプリゴジンである．ポアンカレが提起した3体問題が描く軌道は極めて複雑ではあるが，安定なものではない．私は複雑系の中心には散逸構造を生成する系があり，そのように複雑であるにもかかわらず安定な構造が生まれるプロセスを探究するのが複雑系の科学の主要なテーマであると思っている．

複雑系は非線形な相互作用が支配する系である．非線形な系では出力が入力に比例せず，負のフィードバック効果によって出力が頭打ちになったり，逆に正のフィードバック効果によって出力が止めどもなく発散したりする現象が起こる．このような現象は特別なものではなく，日常生活でもよく経験する．例えば，些細な事件や単なる風聞によって株価が高騰したり，暴落したりして，投資家が一喜一憂する．これらは典型的な非線形応答の例である．その意味で身の回りは非線形な現象で満ちており，線形な現象などほとんどないと言っても過言ではない．

しかし，複雑な現象をすべて複雑系の科学の対象とするのはどうかと思う．人間の欲望によって生じる期待，不安といった心理的要素が大きく影響する分野まで複雑系の科学に含めてしまうのは身の程をわきまえない行為と言えるだろう．複雑系の科学はそうした不確実な要素を含まない数学的な取り扱いが可能な分野に限られるべきだと思う．

複雑系に特有な現象としてカタストロフィ，分岐，カオスなどがある．カタストロフィはパラメータのわずかな変化により，システムが突如として崩壊に至る現象である．分岐はあるパラメータの値を境に，全く性質の異なる状態に変化したり，それらの状態が共存可能になったりする現象である．カオスは初期値のわずかな違いが指数関数的に増幅し，たちまちのうちに将来の予測が不可能になる現象である．ここで大

切なことは，これらの現象が確率論的なものではなく，厳密に決定論的なプロセスで起こるということである．カタストロフィ，分岐，カオスなどは偶発的なものではなく，非線形性に深く根ざした複雑系固有の現象なのである．

そうした複雑で劇的な現象を扱うときに強く感じることは視覚の重要性である．自然科学を深く理解したと実感するためには理性だけでは困難で，意外に身体に根差した感覚が果たす役割は大きい．その意味で実際に目に見える形で描くという行為は重要な意味を持つ．そのためにも，この分野の研究においてプログラミング言語の習得は必須である．パソコン上で実際にある現象を再現できれば，その現象を理解できたという実感が湧き，理解はより確実なものになるだろう．若い研究者には何か1つのプログラミング言語に習熟することを強く勧めたい．

本書は微分方程式によって表された複雑系の数値解析について学ぶ入門書であるが，その特色として，次の3点を挙げておきたい．まず，1点目は上記のような私の信念に基づいて自作の図版を数多く収録し，複雑系の基本現象であるカオス，パターン形成などについて，視覚的，感覚的に理解できるように配慮していることである．収録した図版の数は数枚ひと組のものを1枚と数えても，優に50枚を超える．

2点目は読者が自ら描くことを強く意識し，そのときに必要な数学的知識，例えば，ルンゲ＝クッタ法，有限差分法などに関して，各章の補遺で詳しく説明していることである．私はJavaを使っているが，他のプログラミング言語を使っている人でも十分に役に立つと思う．最後の第7章と第8章ではより具体的に私自身が考案したJavaによる効率的なプログラミング方法を解説し，代表的なサンプルプログラムも収録している．

3点目はオリジナルな内容を豊富に含んでいることである．本書は2006年以降の私の横浜国立大学における博士課程，およびその後の客

員研究員としての研究に基づいている．私の博士課程時代の研究テーマは湖沼生態系における力学的挙動を数理モデルによって解析することだったが，その後，研究対象は数理生態学から様々な複雑系の数理解析や非平衡熱力学に広がった．それらの期間を通して得た研究成果は本書にも広く取り入れられている．特に第5章の「シンプルカオス」では常微分方程式系，偏微分方程式系も含めて，カオス系はどこまでシンプルになり得るかという問題を追及し，第6章の「樹状ネットワーク構造の形成とエントロピー生成率最大化 (MEP) の原理」ではエントロピー生成率最大化という観点から散逸構造形成の本質に迫っていく．このような内容を扱った日本語の類書はこれまでなかったと思う．

　本書の出版に際し，私の学問上の師であり，かつ自由な研究の場と機会を与えて下さった横浜国立大学の伊藤公紀教授，雨宮隆教授に深く感謝の意を表したい．また，博士論文の執筆，審査の過程で適切な助言や指導，協力をいただいた産業技術総合研究所の山口智彦博士，横浜国立大学の松田裕之教授，菊池知彦教授，大野啓一元教授，元大学院生の榎本隆寿氏，東洋大学生命環境科学研究センターの柴田賢一博士にも同様な謝意を表したい．そして，金沢大学の木村繁男教授からエントロピー理論の表記法に関する有益な示唆があったことを感謝の気持ちとともに付記しておきたい．最後に，本書の出版は現代数学社の編集長，富田淳氏による寛大な助力の賜物である．厚くお礼の言葉を述べたい．

2015 年 9 月

芹沢 浩

目　次

はじめに ……………………………………………………………… i

第1章　常微分方程式による生態系の数理モデル …………… 1
  1.1　連続力学系と離散力学系 …………………………… 2
  1.2　ロジスティック方程式 ……………………………… 3
  1.3　捕食・被食関係を表す生態系モデル ……………… 8
  1.4　3種類の生物から成る湖沼生態系モデル ………… 13
  1.5　連続力学系の極限図形と終局状態 ………………… 20
  1.6　第1章の補遺……常微分方程式の差分化 ………… 21

第2章　散逸系とストレンジアトラクタ ……………………… 25
  2.1　2変数ロジスティック方程式と熊手分岐 ………… 26
  2.2　シェファーの最小2成分モデルとホップ分岐 …… 33
  2.3　散逸系のカオス ……………………………………… 39
  2.4　第2章の補遺……私流のカオス発見法 …………… 48

第3章　保存系のカオス ………………………………………… 53
  3.1　ロトカ＝ヴォルテラ方程式の安定性解析 ………… 54
  3.2　振り子のカオス ……………………………………… 56
  3.3　天体のカオス ………………………………………… 61

第4章　反応・拡散方程式による時空間カオス ……………… 67
  4.1　反応・拡散方程式 …………………………………… 68
  4.2　対流と拡散のメカニズム …………………………… 69

  4.3 対流と拡散によるパターン形成 ………………………… *71*
  4.4 自然界で見られる種々のパターン ………………………… *78*
  4.5 第 4 章の補遺……偏微分方程式の差分化 ……………… *81*

第 5 章 シンプルカオス ………………………………………… *89*
  5.1 ローレンツアトラクタとレスラーアトラクタ ………… *90*
  5.2 ジャーク関数 ……………………………………………… *92*
  5.3 スプロットのカオス ……………………………………… *93*
  5.4 強制振動系 ………………………………………………… *96*
  5.5 フラクタルな流域構造を持つ双安定な自励系 ………… *100*
  5.6 時空間カオス ……………………………………………… *102*
  5.7 第 5 章の補遺……ルンゲ＝クッタ法
     （時間を陽に含む連立常微分方程式）………………… *108*

第 6 章 樹状ネットワーク構造の形成と
     エントロピー生成率最大化（MEP）の原理 …… *111*
  6.1 プリゴジンがやり残したこと ……………………………… *112*
  6.2 ポアッソン方程式とラプラス方程式 ……………………… *116*
  6.3 樹状ネットワークモデル …………………………………… *118*
  6.4 樹状ネットワークと散逸構造 ……………………………… *125*
  6.5 河道形成モデル ……………………………………………… *132*
  6.6 散逸構造の低エントロピー性と MEP 原理 ……………… *135*
  6.7 錯綜するエントロピー理論の統合に向けて …………… *139*
  6.8 第 6 章の補遺
     ……有限差分法と連立 1 次方程式の効率的な解法 …… *140*

第 7 章　Java グラフィックライブラリ　151

　7.1　プログラミング言語に習熟することのメリット　152

　7.2　Java グラフィックライブラリの概要　153

　7.3　16 色カラーモードと 256 色カラースペクトル　159

　7.4　システム座標系とユーティリティ座標系　161

　7.5　描画フレームの作成　163

第 8 章　Java で描く複雑系 ―サンプルプログラム集―　167

　8.1　サンプルプログラムについて　168

　8.2　メインクラスのグローバル変数とメソッド　169

　8.3　サンプルプログラム集　174

索引　199

第1章
常微分方程式による生態系の数理モデル

第1章のキーワード：
位相空間，カオス，軌道，湖沼生態系，固定点，シェファーの最小2成分モデル，周期振動，準周期振動，常微分方程式，セパラトリクス，双安定，多重安定，トーラス，分岐図，ポアンカレ写像，ホリングの捕食・被食応答関数，無次元化，流域，ルンゲ＝クッタ法，連続力学系，ロジスティック方程式，ロトカ＝ヴォルテラ方程式．

1-1 連続力学系と離散力学系
1-2 ロジスティック方程式
 1-2-1 1変数ロジスティック方程式
 1-2-2 2変数ロジスティック方程式
 1-2-3 分岐図
1-3 捕食・被食関係を表す生態系モデル
 1-3-1 ロトカ＝ヴォルテラ方程式
 1-3-2 ホリングの捕食・被食応答関数
 1-3-3 シェファーの最小2成分モデル
1-4 3種類の生物から成る湖沼生態系モデル
 1-4-1 生態学とカオス
 1-4-2 カオスを生成する生態系モデル
 1-4-3 準周期振動とポアンカレ写像
1-5 連続力学系の極限図形と終局状態
1-6 第1章の補遺……常微分方程式の差分化
 1-6-1 オイラー法
 1-6-2 ルンゲ＝クッタ法（単一の常微分方程式）
 1-6-3 ルンゲ＝クッタ法（連立常微分方程式）

1-1 連続力学系と離散力学系

　いくつかの独立変数，およびそれらの関数と導関数から成る方程式を微分方程式と言う．また，独立変数が1つの微分方程式を**常微分方程式** (Ordinary Differential Equation)，独立変数が2つ以上の微分方程式を**偏微分方程式** (Partial Differential Equation) と言う．本書では，微分方程式の数値解析，すなわち常微分方程式や偏微分方程式を満たす数値を近似的に計算する方法を学ぶ．一般の微分方程式の教科書で扱われているような厳密解を解析的に求める方法について，本書では言及しない．第1章では数理生態学において現れる数理モデルを例に，時間 t を独立変数とし，複数の関数を状態変数とする常微分方程式系が扱われる．

　一般に時間微分は物体やシステムの状態の連続的な時間変化を表す．次のような時間微分によって表された微分方程式の組を**連続力学系** (Continuous System) と呼ぶ．この呼び方は変化の原因を何らかの力とする力学理論からの類推であろう．

$$\frac{du}{dt} = f(u,v,w),$$
$$\frac{dv}{dt} = g(u,v,w), \qquad (1\text{-}1)$$
$$\frac{dw}{dt} = h(u,v,w).$$

　上記の連続力学系 (1-1) の場合，状態変数の数が u, v, w の3つなので，3次元の連続力学系と言い，それらの変数は3次元の**位相空間** (Phase Space) を構成する．そして，系の状態は位相空間内の点によって，その時間変化は同空間内の**軌道** (Trajectory) によって表される．

　一方，次の (1-2) のような状態変化を表す式が不連続な差分方程式

（漸化式）によるシステムを**離散力学系**（Discrete System）と呼ぶ．

$$u_{n+1} = f(u_n, v_n, w_n),$$
$$v_{n+1} = g(u_n, v_n, w_n), \qquad (1\text{-}2)$$
$$w_{n+1} = h(u_n, v_n, w_n).$$

本書では主に時間微分を含む連続力学系を扱い，差分方程式による離散力学系は扱わない．

1-2 ロジスティック方程式

1-2-1 1変数ロジスティック方程式

数理生態学の出発点は次の微分方程式である．ある環境に置かれた生物個体数の基本的な時間変化は次の微分方程式によって近似される．

$$\frac{dN}{dt} = rN\frac{K-N}{K}. \qquad (1\text{-}3)$$

個体数 N だけが t の関数で，他は定数である．r は出生率，K は環境収容力（Carrying Capacity）と呼ばれる量で，飽和状態における個体数，つまり環境が収容可能な個体数の上限を表す．この微分方程式は**ロジスティック**（Logistic）**方程式**と呼ばれ，1次元の連続力学系を形成する．

$u = N/K$ とする．u は環境収容力 K に対する N の割合である．この相対的な比率 u を用い，t/r を改めて t と置けば，u の出生率は1になり，ロジスティック方程式 (1-3) を次のように簡略化することができる．このようなテクニックを変数とパラメータの**無次元化**といい，パラメータの数を減らし，数理モデルを扱い易くするときによく使われる．

$$\frac{du}{dt} = u(1-u). \qquad (1\text{-}4)$$

この微分方程式は解析的に解くことができる．$t=0$ での個体数を N_0 とすれば，初期値は $u_0 = N_0/K$ となり，その解は u_0 と初等関数によって次のように表すことができる．

$$u(t) = \frac{u_0}{u_0 + (1-u_0)e^{-t}}. \tag{1-5}$$

関数 $u(t)$ は時間の経過とともに S 字形のカーブを描いて一定の値 1 に収束していく（図 1-1）．

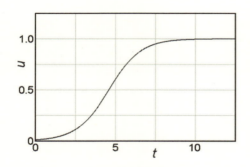

図 1-1 ロジスティック曲線．この連続曲線はロジスティック方程式 (1-4) の厳密解で，S 字形の滑らかなカーブを描いて 1 に漸近していく．ロジスティック曲線によって，一定の出生率を持つ生物種が飽和状態に至るまでの個体数の時間変化を近似することができる．

1-2-2　2 変数ロジスティック方程式

ロジスティック方程式は生態系を表す 1 変数の数理モデルであるが，これを 2 変数 u, v に拡張すると次の連続力学系を得る．

$$\begin{aligned} \frac{du}{dt} &= u(1-u) - c_0 uv, \\ \frac{dv}{dt} &= rv(1-v) - c_1 uv. \end{aligned} \tag{1-6}$$

力学系 (1-6) でも変数とパラメータが無次元化され，v の出生率を表す r，および u と v の競合による個体数減少を評価する c_0, c_1 の 3 つだけ

が残されている．2変数のロジスティック方程式は競合関係にある2種類の生物の個体数変動を表すと考えられる．つまり，互いに相手の存在によって不利益を被り，個体数の増減に負の影響を与えるような関係である．相互作用を表す項 uv の符号が第1式，第2式ともにマイナスなのはそのためである．なお，無次元化の方法は一意的ではない．例えば，(1-7) のように (1-6) とは異なる別のパラメータを残すことも可能である．

$$\frac{du}{dt} = u(1-u-v),$$
$$\frac{dv}{dt} = rv(1-bu-cv). \tag{1-7}$$

力学系において，位相空間内の時間的に変化しない点を不動点または**固定点** (Fixed Point) と言う．つまり，固定点とは力学系を構成するすべての微分方程式の右辺を 0 と置いた連立方程式の解である．連続力学系の解析は固定点を求めることから始まる．

$$u(1-u) - c_0 uv = 0,$$
$$rv(1-v) - c_1 uv = 0. \tag{1-8}$$

連立方程式 (1-8) には次の4つの解，すなわち固定点が存在する．

$$F_0(1,0), \quad F_1\left(\frac{r(1-c_0)}{r-c_0 c_1}, \frac{r-c_1}{r-c_0 c_1}\right), \quad F_2(0,1), \quad F_3(0,0). \tag{1-9}$$

固定点は安定なものと不安定なものに分類される．**安定**な固定点は位相空間内の谷底に相当し，様々な軌道がそこに向かって引き込まれていく集積点 (Attractor) である．つまり，安定な固定点とは現実の系が到達する終局状態で，微小なゆらぎやノイズによって系の状態が固定点からずれても，自然に元の状態に復元する．一方，**不安定**な固定点は位相空間内の頂上または鞍部 (Saddle) に相当し，微かなゆらぎによって系の状態が少しでもずれると，軌道はそこから次第に離れていく．そして，何らかの強制力を加えない限り，自然状態で再びそこに戻ることはない．固定点は系の状態が変化しない不動の点で，平衡状態を表す．

安定な固定点であろうと，不安定な固定点であろうと，正確にその上に位置している間は系が固定点から移動することはない．

(1-9) に示された力学系 (1-8) の 4 つの固定点が安定か不安定かはパラメータの値に依存する．例えば，$c_0 = c_1 = 0.5$ の場合，安定なものは F_1 だけで，それ以外の 3 つ F_0, F_2, F_3 はすべて不安定になる．したがって，初期値が $u_0 = 0$ または $v_0 = 0$ の場合を除き，位相平面上のすべての点から出発した軌道は唯一の安定な固定点 F_1 に到達する（図

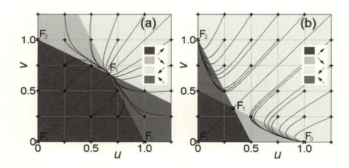

図 1-2 2 変数ロジスティック方程式 (1-6) による固定点への収束．位相平面上の軌道はそれぞれ黒い領域で右上方向に，淡い灰色の領域で右下方向に，白い領域で左下方向に，濃い灰色の領域で左上方向に進む．この力学系の挙動はパラメータの値に依存する．(a) のように $c_0 = c_1$ かつ 2 つの値がともに 1 より小さいとき，F_1 だけが安定な固定点になる．このとき初期値が $u_0 = 0$ または $v_0 = 0$ の場合を除くすべての軌道は中央付近の F_1 に向かって収束する．一方，(b) のように 2 つの値がともに 1 より大きいとき，2 つの安定な固定点 F_0, F_2 と 2 つの不安定な固定点 F_1, F_3 が存在する．1 つの不安定固定点 F_1 は安定な固定点 F_0, F_2 の中間付近に位置し，そこで反発された軌道は左上と右下にある 2 つの安定固定点 F_0, F_2 のどちらかに向かって分かれていく．(a) $r = 1.0$, $c_0 = c_1 = 0.5$, (b) $r = 1.0$, $c_0 = c_1 = 2.0$.

1-2 (a)). つまり，この場合は最終状態で u と v がともに同数で生き残り，互いに共存する．一方，$c_0 = c_1 = 2.0$ の場合，安定な固定点は F_0 と F_2，不安定な固定点は F_1 と F_3 で，それぞれ2つずつある．したがって，2変数ロジスティック方程式系の軌道は初期値に応じて，2つの異なった固定点 F_0 または F_2 に至る（図1-2 (b))．1つの終局状態 F_0 では u だけが生き残り，v は死滅する．もう1つの終局状態 F_2 では逆に v だけが生き残り，u は死滅する．

1-2-3 分岐図

力学系の挙動のパラメータ依存性は図1-3のような**分岐図** (Bifurcation Diagram) を描くことによって明らかになる．この場合は横軸のパラメータとして c_0 と c_1 の両方を選び，2つのパラメータを同じ値を取りながら同時に変化させている．そして，縦軸は u の値である．図が示すように $c_0 = c_1 = 1.0$ を境に系は安定な固定点1個の状態から2個の状態へ，突然，移行する．このような突然の変化は分岐と呼ばれ，複雑系を特徴づける現象の1つになっている．通常，横軸には1個の

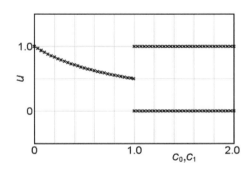

図1-3 2変数ロジスティック方程式 (1-6) による分岐図．分岐図は力学系における挙動のパラメータ依存性を調べる図で，この系の場合，$c_0 = c_1 = 1.0$ において，安定な固定点が F_1 だけの1個の状態から F_0 と F_2 の2個の状態へ突然の分岐が起こる．$r = 1.0$.

パラメータが選ばれ，パラメータの数だけ分岐図が存在する．分岐図は横軸を初期値とし，初期値によって最終的な安定状態がどう変化するかといった系の初期値依存性を調べるときにも使われる．

位相空間内に安定な複数の固定点があるとき，位相空間はそれらに流れ込む初期値の集合によっていくつかの**流域**（Basin）に分割される．つまり，それぞれの固定点がいずれ自らに流れ込んでくる初期値の集合を伴っている．そして，どの固定点の流域に属するかによって，初期値の全平面を塗り分けることができる．流域の境界は**セパラトリクス**（Separatrix）と呼ばれ，位相空間内の分水嶺を形成する．一般に不安定な固定点はそれらの分水嶺上に山頂または峠として存在する．例えば，力学系 (1-6) における図 1-2 (b) のような場合，それぞれ初期値が $u_0 > v_0$ の範囲で固定点 F_0 に，$u_0 < v_0$ の範囲で F_2 に収束する．したがって，分水嶺となるセパラトリクスは $u_0 = v_0$，すなわち原点から斜め 45°に伸びる直線で，不安定な固定点 F_1 がセパラトリクス上に存在する．

ある力学系につき，安定な固定点の数は 1 個のこともあれば，複数のこともある．ある力学系が複数の安定な固定点を生成するとき，その状態を**多重安定**（Multistable），特に 2 個のとき，**双安定**（Bistable）と呼んでいる．複数と言っても，すべて固定点というように同種の安定状態だけのこともあれば，異種の安定状態が混在する場合もある．どの固定点にも収束しない発散に至る初期値の集合を伴う力学系も存在する．

1-3　捕食・被食関係を表す生態系モデル

1-3-1　ロトカ＝ヴォルテラ方程式

競合関係を表す 2 変数のロジスティック方程式に対し，動物プラン

クトンと植物プランクトンのような捕食・被食の関係にある2種類の生物の個体数変動を表現する式が古典的な**ロトカ＝ヴォルテラ**（Lotka-Volterra）**方程式**である．

$$\frac{du}{dt} = u - uv,$$
$$\frac{dv}{dt} = ruv - mv. \qquad (1\text{-}10)$$

この方程式において，被食種uは出生率1で自己増殖し，捕食種vは一定の死亡率mで減少するが，加えて捕食・被食関係も考慮されている．これはuが減った分に比例してvが増えるという関係で，具体的に第1式では引かれる個体数の積uvが第2式において符号が逆転し，比例係数rを掛けて加えられることによって表現されている．つまり，vの成長率rはuを捕食することによってvが有効に利用できる生物量の割合を表すと考えられる．

ロトカ＝ヴォルテラ方程式による力学系(1-10)では，図1-4に示されるように初期値によってそれぞれ異なる周回軌道が描かれ，これら

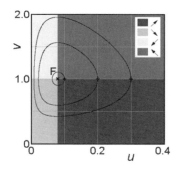

図1-4 ロトカ＝ヴォルテラ方程式(1-10)による周回軌道．×で示されたFは固定点を表す．この図には，3つの異なる初期値＋から出発した周回軌道が描かれているが，これらは別々な経路を保ち続け，同一の軌道に収束することはない．$r = 2.5, m = 0.2$.

は決して合流しない．このように初期値の違いを永久に保ち続けることがこの力学系の大きな特徴である．何らかの力が加わって，系の状態が軌道からわずかにずれたとしよう．すると系の状態はこの違いを維持し，自然に元の軌道に戻ることはない．したがって，ロトカ＝ヴォルテラ方程式の描く周回軌道は不安定である．

1-3-2　ホリングの捕食・被食応答関数

捕食・被食の関係にある2生物種の個体数変動において，この関係に詳細な検討を加えた人物がホリング（Holling）である．ホリングによれば，動物プランクトンと植物プランクトンまたは魚と動物プランクトンのような2生物種間の捕食・被食関係は被食側の応答を表す関数 $f(u)$ によって次の3種類に分類される[1]．

$$
\begin{aligned}
f(u) &= u & &\cdots\cdots \text{I 型}, \\
f(u) &= \frac{u}{h+u} & &\cdots\cdots \text{II 型}, \\
f(u) &= \frac{u^2}{h^2+u^2} & &\cdots\cdots \text{III 型}.
\end{aligned}
\quad (1\text{-}11)
$$

I 型は最も単純化された関係で，応答関数 $f(u)$ はロトカ＝ヴォルテラ方程式と同様，被食種の個体数にそのまま比例すると仮定されている．それに対し，II 型と III 型の $f(u)$ はともに $u \to \infty$ で 1 に収束し，被食種 u の個体数がある値以上になると被食数は頭打ちになるという飽和効果が考慮されている．特に III 型では被食種の個体数が少ない間は捕食者から見つかりにくいという「隠れ家」効果もあわせて考慮されている．III 型は一般に被食種が捕食から逃れるために自ら移動する能力のある動物プランクトンなどの場合に適合すると考えられているが，動物プランクトン以外に適用されることも多い．II 型と III 型に現れる定数 h は半飽和定数と呼ばれ，捕食・被食の効果が $1/2$ になる u の値を表す．

1-3-3 シェファーの最小2成分モデル

上記のホリングによる捕食・被食応答関数 (1-11) を用い，さらに被食種 u の増加をロジスティック型の方程式に交換すると，2生物種の個体数変動を表すロトカ＝ヴォルテラ方程式をより洗練された形に改良することができる．

$$\frac{du}{dt} = u(1-u) - f(u)v,$$
$$\frac{dv}{dt} = rf(u)v - mv. \tag{1-12}$$

先のロトカ＝ヴォルテラ方程式 (1-10) による捕食・被食関係は不安定であったが，(1-12) の $f(u)$ にホリングのII型またはIII型捕食・被食応答関数を適用すると，安定な捕食・被食関係をモデル化することができる．具体的にII型の捕食・被食関係を用いたシェファー (Scheffer) の最小2成分モデル (1-13) を取り上げよう[2]．

$$\frac{du}{dt} = u(1-u) - \frac{u}{h+u}v,$$
$$\frac{dv}{dt} = r\frac{u}{h+u}v - mv. \tag{1-13}$$

シェファーの最小2成分モデル (1-13) においても，図 1-2 の2変数ロジスティック方程式 (1-6) のときのように固定点への収束は起こる．図 1-5 (a) は捕食者の成長率が $r = 1.4$ のときで，異なる点を初期値とする3つの軌道が固定点 F に収束する様子が描かれている．図 1-2 (a) と異なる点は収束する軌道が渦を巻いていることである．一方，図 1-5 (b) は $r = 2.0$ のときであるが，ここで我々は同じ周回軌道でも図 1-4 の場合と大きく異なる状況に出会う．3つの初期状態から出発した3つの軌道は同一の周回軌道に吸収されてしまうのである．つまり，この力学系の終局状態を表す周回軌道は安定で，このように安定な周回軌道は**リミットサイクル** (Limit Cycle) と呼ばれる．

その名が示すように，リミットサイクルは極限図形である．正確に言えば，最初から初期値がリミットサイクル上に存在しない限り，決して軌道がリミットサイクルに到達することはない．また，異なる初期値から出発した軌道が1つに合流することもない．それぞれの軌道は無限の時間をかけてリミットサイクルに漸近していくだけである．同様なことが固定点についても言える．異なる軌道が固定点において合流するように見えるが，固定点は速度0の点なので，軌道がそこに到達するまでには無限の時間を要する．

　このことは軌道の一意性という大原則とも関連している．位相空間内の軌道は1本の連続曲線で，固定点を除けば，途中で枝分かれしたり，合流したり，交差したりすることは固く禁じられる．そのようなとが起きると，異なる状態から同じ状態が生まれたり，1つの状態から

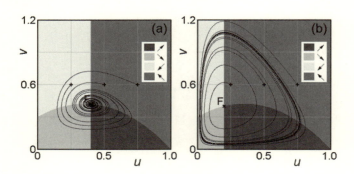

図1-5　シェファーの最小2成分モデル (1-13) による固定点への収束 (a) とリミットサイクル (b)．×で示されたFは固定点を表す．2つの図には，+で示された3つの異なる初期値から出発した軌道が描かれている．(a) のように捕食者の成長率 r が小さい値のとき，軌道は渦を巻きながら同一の固定点に収束する．一方，(b) のように r の値が大きくなると，軌道は同一の周回軌道に収束するようになる．シェファーの最小2成分モデルが描く安定な周回軌道はリミットサイクルと呼ばれる．(a) $r = 1.4$, $m = 0.8$, $h = 0.3$. (b) $r = 2.0$, $m = 0.8$, $h = 0.3$.

全く異なる状態が生じたりして,因果律に矛盾するからである.位相空間内の1つの点に対し,直後の点は決定論に従ってユニークに定まらなければならない.ただし,コンピュータのようなデジタルの世界では,数値の切り捨てや四捨五入によって,軌道が短時間のうちに固定点に到達したり,リミットサイクルに合流したりする事態は頻繁に起こり得る.

1-4 3種類の生物から成る湖沼生態系モデル

1-4-1 生態学とカオス

これまで2次元の連続力学系において,位相平面上の軌道が固定点やリミットサイクルに収束することを知った.それでは,次元を1つ増やして3次元の連続力学系にしたらどうだろうか.この世界においても固定点やリミットサイクルは存在する.しかし,3次元の世界に入ると,我々は新たに2種類の終局状態を観察することができる.その1つは2次元のトーラス(Torus)面に巻き付く**準周期振動**,もう1つは予測不能な不規則運動,**カオス**(Chaos)である.準周期振動を示す連続力学系は後にして,まずカオスを生成する3次元の数理生態学モデルについて考える.

カオスとは初期値のわずかな違いが瞬く間に増幅され,決定論的な系であるにもかかわらず,将来の予測がたちまちのうちに不可能になる複雑系に特有な現象で,位相空間内では複雑に絡み合った流線の束として表現される.生態系モデルとカオスとの関わりは意外に古く,最初の出会いはすでに1970年代に遡る.ロジスティック写像と呼ばれる離散力学系においてカオスを発生することが明らかにされたのは1973年,メイ(May)によってである[3].

ロジスティック写像は決まった時期に繁殖を繰り返す生物種の個体数変動を表すと考えられる．

$$u_{n+1} = au_n(1-u_n). \tag{1-14}$$

差分方程式 (1-14) において，パラメータ a の値を増加させていくと，収束から周期倍分岐を経てカオスに至る典型的な複雑化の道筋を観測することができる．驚くべきことに 2 次式だけから成るこのように単純な系においても，窓，周期 3 の振動など，カオス生成の鍵となるほとんどすべての現象が観測されるのである．

離散力学系のロジスティック写像がカオスを生成することはよく知られているが，ロジスティック方程式やシェファーの最小 2 成分モデルから派生する連続力学系が大量のカオスを生み出すという事実はあまり知られていない．カオスの生成には最低でも 3 つの変数が必要なので，これまでの 1 変数や 2 変数の数理モデルがカオスを生成することはない．しかし，変数を 1 つ増やして 3 変数の連続力学系にすれば，それこそ無数とも言えるカオス系を作ることができるのである．

1-4-2　カオスを生成する生態系モデル

具体的に互いに競合する 2 種類の植物プランクトン u と v，その両方を捕食する動物プランクトン w という 3 種類の生物を構成要素とする次の数理モデルを取り上げてみよう．2 変数のロジスティック方程式に加え，u と w，v と w の間で最も単純なホリング I 型の捕食・被食関係が考慮されている．

$$\begin{aligned}
\frac{du}{dt} &= u(1-u) - c_0 uv - uw, \\
\frac{dv}{dt} &= r_1 v(1-v) - c_1 uv - m_1 vw, \\
\frac{dw}{dt} &= r_2(u + km_1 v)w - m_2 w.
\end{aligned} \tag{1-15}$$

パラメータを見ると，r_1, c_0, c_1 の 3 つについては 2 変数ロジスティック方程式 (1-6) の場合と同様である．ただし，(1-6) の r は (1-15) では r_1 に変わっている．動物プランクトン w の植物プランクトン u に対する捕食率を 1 として，m_1 は w の植物プランクトン v に対する捕食率を表す．r_2 は w の成長率，m_2 は自然減少率であるが，k は u から w への生物量の変換率を 1 としたときの v から w への変換率と考えることができる．つまり，パラメータ k の値が 1 より小さければ，動物プランクトン w は植物プランクトン v よりも u のほうを効率よく栄養素として摂取することを意味している．逆に大きければ，w は u よりも v のほうを効率よく摂取する．

この生態系モデル (1-15) は適当な値のパラメータに対し，図 1-6 のような連続的カオスを生成する．F は $u > 0$, $v > 0$, $w > 0$ となる現実

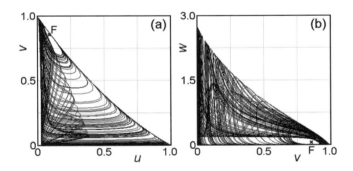

図 1-6 3 変数湖沼生態系モデル (1-15) によるカオス．× で示された F は固定点を表す．カオスは複雑系において頻繁に観測される現象である．この数理モデルには競合関係にある 2 種の植物プランクトンとそれらを捕食する動物プランクトンから成る 2 層 3 成分の生態系が表現されている．動物プランクトンと 2 種の植物プランクトンとの捕食・被食関数はホリング I 型が用いられている．$c_0 = 1.0$, $r_1 = 1.0$, $c_1 = 1.5$, $m_1 = 0.2$, $r_2 = 4.0$, $k = 0.5$, $m_2 = 0.7$.

的な固定点を表す．なお，(1-15) には $w=0$ となる固定点も存在するが，この場合は系の動向に影響を与えていないと思われる．

　カオスを生成する別なタイプの 3 変数生態系モデルを紹介しよう．次の例は植物プランクトン u，動物プランクトン v，魚 w という 3 層 3 成分から成るカスケード状の捕食・被食関係を想定したもので，u と v との間にはホリング II 型，v と w との間にはホリング III 型応答関数が採用されている．

$$\begin{aligned}
\frac{du}{dt} &= u(1-u) - \frac{u}{h_0+u}v, \\
\frac{dv}{dt} &= r_1 \frac{u}{h_0+u}v - m_1 v - \frac{v^2}{h_1^2+v^2}w, \\
\frac{dw}{dt} &= r_2 \frac{v^2}{h_1^2+v^2}w - m_2 w.
\end{aligned} \quad (1\text{-}16)$$

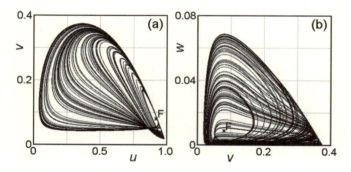

図 1-7 3 変数湖沼生態系モデル (1-16) によるカオス．× で示された F は固定点を表す．この数理モデルではカスケード状の捕食・被食関係にある植物プランクトン，動物プランクトン，魚から成る 3 層 3 成分の生態系が想定されている．動物プランクトン，植物プランクトン間は II 型，魚，動物プランクトン間は III 型のホリング捕食・被食関係が用いられている．$h_0 = 0.09$, $h_1 = 0.04$, $r_1 = 0.8$, $m_1 = 0.64$, $r_2 = 1.0$, $m_2 = 0.8$.

パラメータについて，h が h_0 に，r が r_1 に，m が m_1 に変わっていることを除けば，第 2 式の途中まではシェファーの最小 2 成分モデル (1-13) と同じである．それ以降，h_1 はホリング III 型関数の半飽和定数，r_2 と m_2 は魚 w の成長率，自然減少率ということになる．

この生態系モデル (1-16) が生成する連続的カオスを図 1-7 に示す．図 1-6 と同様，F は $u > 0$, $v > 0$, $w > 0$ となる固定点である．なお，(1-16) にも $w = 0$ となる固定点が存在するが，(1-15) のときと同様，この固定点は系の動向に影響を与えない．

1-4-3　準周期振動とポアンカレ写像

第 1 章で取り上げる最後の数理モデルは**準周期振動**と呼ばれる**周期振動**とカオスの中間的な挙動を示す．準周期振動は 2 つの周期振動の合成で，その極限図形は円環状のトーラスを描く．しかも，この力学系において観察される準周期振動は安定で，初期値に依存しない．異なる初期値から出発しても，最終的に同じ形状のトーラスに巻き付く．この安定なトーラスは周期振動のリミットサイクルに相当する．

次の (1-17) は (1-16) と同じく植物プランクトン，動物プランクトン，魚から成る 3 層 3 成分の生態系を模した数理モデルであるが，動物プランクトン，植物プランクトン間と魚，動物プランクトン間のホリング捕食・被食関数がそれぞれ I 型と II 型に簡略化されている．図 1-8 が力学系 (1-17) による軌道で，特に (b) から円環状のトーラスに巻き付く様子が想像される．私も数限りないカオス系を見つけてきたが，こうした初期値に依存しない安定な準周期振動を示す力学系はたいへん珍しく，これ以外にほとんど記憶がない．

$$\frac{du}{dt} = u(1-u) - uv,$$
$$\frac{dv}{dt} = r_1 uv - m_1 v - \frac{v}{h+v}w, \qquad (1\text{-}17)$$
$$\frac{dw}{dt} = r_2 \frac{v}{h+v}w - m_2 w.$$

例えば，パラメータ $h = 0.06, r_1 = 2.0, m_1 = 0.06, r_2 = 0.1, m_2 = 0.09$ のとき，$w = 0$ の場合も含めると，生態系モデル (1-17) は $F_0 (0.46, 0.54, 0.516)$，$F_1 (0.03, 0.97, 0)$ という 2 つの固定点を生成する．このうち $w = 0$ の固定点 F_1 は先の (1-15)，(1-16) では無視されたものである．しかし，その位置から推察すると，(1-17) において安定な準周期振動の形成に寄与しているのは F_0 ではなく，$w = 0$ の F_1 のほうであると考えられる．

ところで，図 1-8 の軌道は，一見，カオスのようにも見えるが，カオスと準周期振動の違いをどのようにして確認すればよいだろうか．そ

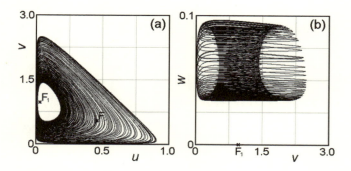

図 1-8 3 変数湖沼生態系モデル (1-17) による準周期振動．× で示された F_0 と F_1 は固定点を表す．ただし，F_1 の w 成分は 0．この数理モデルも (1-16) と同じく植物プランクトン，動物プランクトン，魚から成る 3 層 3 成分のカスケード状生態系を想定しているが，ホリング捕食・被食関数は動物プランクトン，植物プランクトン間が I 型，魚，動物プランクトン間が II 型に変更されている．
$F_0 (0.46, 0.54, 0.516)$，$F_1 (0.03, 0.97, 0)$．$h = 0.06$，$r_1 = 2.0$，$m_1 = 0.06$，$r_2 = 0.1$，$m_2 = 0.09$．

の違いは**ポアンカレ**（Poincaré）**写像**という手法によって明らかになる．ポアンカレ写像によれば，3次元軌道をそのまま描くのではなく，一定の条件を満たす点だけを拾い出す．具体的に次の図1-9では，(a)では$w = 0.06$という2次元平面を，また(b)では$u = 0.1$という平面を通過する点だけをプロットしている．すなわち図1-9は図1-8をそれぞれ平面$w = 0.06$と$u = 0.1$で切断した2次元断面図なのである．こうした断面図を作成すると，図1-9のような1次元図形が現れてくる．(a)の2重の輪，(b)の明瞭に分離した2つの輪がその1次元図形で，断面がこのような形になる立体はトーラス以外に考えられないだろう．これが図1-8の挙動をトーラス面上の準周期振動であると判断した理由である．図1-9の$w = 0.06$と$u = 0.1$という2次元断面は**ポアンカレ断面**と呼ばれ，ポアンカレ写像とは軌道とポアンカレ断面との交点をプロットする手法である．ポアンカレ写像によって，描かれる図形の次元は1だけ減る．図1-9の輪が1次元図形であることから逆算すれば，図1-8はトーラスのような2次元図形でなければならない．

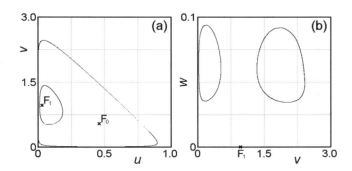

図1-9 3変数湖沼生態系モデル（1-17）によるポアンカレ写像．×で示されたF_0とF_1は固定点を表す．それぞれ(a)は$w = 0.06$における，(b)は$u = 0.1$におけるポアンカレ写像で，パラメータの値は図1-8と同じである．ポアンカレ写像がこのようになる図形はトーラスしか思い浮かばないだろう．

1-5　連続力学系の極限図形と終局状態

　第1章でこれまで調べてきたことをまとめておこう．連続力学系が無限の時間をかけて到達する終局状態は位相空間内の極限図形として表わすことができる．存在可能な極限図形は連続力学系の変数の数，すなわち位相空間の次元によって異なる．1次元の連続力学系の場合，存在し得る極限図形は固定点のみである．2次元の連続力学系になると，固定点に加えて周期振動する周回軌道も存在可能になる．周回軌道には初期値に依存して別々な形状を維持するものと，リミットサイクルと呼ばれる初期値に依存しないものとがある．この違いは極めて重要であり，第2章と第3章の主要なテーマになるだろう．さらに3次元の連続力学系になると，トーラスと**ストレンジアトラクタ**（Strange Attractor）と呼ばれるカオスとなる極限図形の存在も許される．連続力学系において生成される極限図形は以上の4種類である[4]．

　極限図形は位相空間の中に形成される．したがって，容器となる位相空間の次元は埋め込まれる極限図形の次元より大きくなければならない．極限図形を容れる空間の次元とは連続力学系の変数の数である．そこで次のことが確認できる．1次元の連続力学系において生まれ得る極限図形は0次元の固定点だけである．2次元の連続力学系では0次元の固定点の他に，1次元の閉じた周回軌道も極限図形になることができる．3次元の連続力学系になると，0次元の固定点，1次元の周回軌道に加えて，トーラスとストレンジアトラクタが存在可能になる．トーラスは2次元であるが，ストレンジアトラクタと呼ばれるカオスを示す極限図形の次元は2と3の中間の小数値である．

　トーラスを形成する軌道は準周期振動と呼ばれ，決して同じ点に戻ることはない．同じ点に戻れば，それは1次元の周回軌道と異ならないか

らである．準周期振動は異なる方向に進む2つの周期振動が組み合わさったもので，具体的にはトーラス面を巡回する周期振動とトーラス面に巻き付く周期振動の合成である．2つの振動の周期の比が無理数であれば，軌道が同じ点に戻ることはない．したがって，軌道は無限の時間をかけてトーラス面を覆い尽くしていく．

当然のことながら，カオスについても決して軌道が同じ点に戻ることはない．1次元，2次元，3次元の連続力学系における生成可能な極限図形とその終局状態をまとめると表1-1のようになる．アトラクタやストレンジアトラクタという言葉の意味は次章を読めば，より正確に理解できるだろう．

表1-1 連続力学系が生成する極限図形と系の挙動

連続力学系	位相空間の次元	生成可能な極限図形	次元	挙動
1変数ロジスティック方程式	1次元	固定点	0次元	収束
2変数ロジスティック方程式	2次元	固定点	0次元	収束
ロトカ＝ヴォルテラ方程式	2次元	不安定な周回軌道	1次元	周期振動
シェファーの最小2成分モデル	2次元	固定点	0次元	収束
		リミットサイクル	1次元	周期振動
3変数湖沼生態系モデル	3次元	固定点	0次元	収束
		リミットサイクル	1次元	周期振動
		トーラス	2次元	準周期振動
		ストレンジアトラクタ	2〜3次元	カオス

1-6 第1章の補遺 ……常微分方程式の差分化

1-6-1 オイラー法

連続的カオスを発生するような力学系は系の時間変化を表す連立微分方程式によって記述される．この微分方程式は非線形なので，時間

t の関数として厳密解を求めることはまず期待できない．そこでコンピュータを使って状態変化を表す軌道を描くとしたら，適当な数値積分によって近似しなければならない．そのために必要な作業が微分方程式の差分化，離散化である．この章のはじめに離散力学系は扱わないと言ったが，コンピュータはデジタルな装置なので，いつかは差分化という作業を避けて通ることはできない．

次のような単独の微分方程式があったとしよう．

$$\frac{du}{dt} = f(u). \tag{1-17}$$

最初に考えつくことは，du/dt を差分商 $\Delta u/\Delta t$ で置き換えることである．すると微分方程式は次のように変形される．

$$\Delta u = f(u)\Delta t. \tag{1-18}$$

$\Delta u = u_{n+1} - u_n$ とすれば，

$$u_{n+1} = u_n + f(u_n)\Delta t. \tag{1-19}$$

この式による近似は最も簡単なもので，**オイラー**(Euler)**法**と呼ばれる．

1-6-2 ルンゲ＝クッタ法（単一の常微分方程式）

しかし，オイラー法による近似は誤差が大きく，単振動の円軌道さえ描くことができない．誤差を減らそうと Δt を小さくしても時間がかかるばかりで，欠点は一向に改善されない．そこで時間変化の途中で何回か u の値を求め，それらの平均を取る方法が考えられる．そうした方法でよく使われるのが**ルンゲ＝クッタ**(Runge-Kutta)**法**（4次のルンゲ＝クッタ法）である．

ルンゲ＝クッタ法によって数値積分を行うときは段階的に次の4つの値 f_1, f_2, f_3, f_4 を求める．

$$\begin{aligned}f_1 &= f(u_n),\\ f_2 &= f\left(u_n + \frac{f_1 \Delta t}{2}\right),\\ f_3 &= f\left(u_n + \frac{f_2 \Delta t}{2}\right),\\ f_4 &= f(u_n + f_3 \Delta t).\end{aligned} \qquad (1\text{-}20)$$

そして,オイラー法の $f(u_n)$ をこれら 4 つの値の重みを付けた平均で置き換える.

$$u_{n+1} = u_n + \frac{1}{6}(f_1 + 2f_2 + 2f_3 + f_4)\Delta t. \qquad (1\text{-}21)$$

この式による近似がルンゲ＝クッタ法で,この方法によると十分に精度の高い軌道を描くことができる.

1-6-3 ルンゲ＝クッタ法（連立常微分方程式）

次のように表される 3 変数の連立常微分方程式系 (1-22) にルンゲ＝クッタ法を応用しよう.

$$\begin{aligned}\frac{du}{dt} &= f(u, v, w),\\ \frac{dv}{dt} &= g(u, v, w),\\ \frac{dw}{dt} &= h(u, v, w).\end{aligned} \qquad (1\text{-}22)$$

まず f_1, g_1, h_1 を求めると,

$$\begin{aligned}f_1 &= f(u_n, v_n, w_n),\\ g_1 &= g(u_n, v_n, w_n),\\ h_1 &= h(u_n, v_n, w_n).\end{aligned} \qquad (1\text{-}23)$$

以下,順に f_2, g_2, h_2 は

$$\begin{aligned}f_2 &= f\left(u_n + \frac{f_1 \Delta t}{2},\ v_n + \frac{g_1 \Delta t}{2},\ w_n + \frac{h_1 \Delta t}{2}\right),\\ g_2 &= g\left(u_n + \frac{f_1 \Delta t}{2},\ v_n + \frac{g_1 \Delta t}{2},\ w_n + \frac{h_1 \Delta t}{2}\right),\\ h_2 &= h\left(u_n + \frac{f_1 \Delta t}{2},\ v_n + \frac{g_1 \Delta t}{2},\ w_n + \frac{h_1 \Delta t}{2}\right).\end{aligned} \qquad (1\text{-}24)$$

f_3, g_3, h_3 は

$$f_3 = f\left(u_n + \frac{f_2 \Delta t}{2},\ v_n + \frac{g_2 \Delta t}{2},\ w_n + \frac{h_2 \Delta t}{2}\right),$$
$$g_3 = g\left(u_n + \frac{f_2 \Delta t}{2},\ v_n + \frac{g_2 \Delta t}{2},\ w_n + \frac{h_2 \Delta t}{2}\right), \quad (1\text{-}25)$$
$$h_3 = h\left(u_n + \frac{f_2 \Delta t}{2},\ v_n + \frac{g_2 \Delta t}{2},\ w_n + \frac{h_2 \Delta t}{2}\right),$$

f_4, g_4, h_4 は

$$f_4 = f(u_n + f_3 \Delta t,\ v_n + g_3 \Delta t,\ w_n + h_3 \Delta t),$$
$$g_4 = g(u_n + f_3 \Delta t,\ v_n + g_3 \Delta t,\ w_n + h_3 \Delta t), \quad (1\text{-}26)$$
$$h_4 = h(u_n + f_3 \Delta t,\ v_n + g_3 \Delta t,\ w_n + h_3 \Delta t).$$

となる．ルンゲ＝クッタ法による近似はこれらの値を用いて，

$$u_{n+1} = u_n + \frac{1}{6}(f_1 + 2f_2 + 2f_3 + f_4)\Delta t,$$
$$v_{n+1} = v_n + \frac{1}{6}(g_1 + 2g_2 + 2g_3 + g_4)\Delta t, \quad (1\text{-}27)$$
$$w_{n+1} = w_n + \frac{1}{6}(h_1 + 2h_2 + 2h_3 + h_4)\Delta t.$$

に従って行われる．

第1章の参考文献

(1) Holling, C.S. (1973) Resilience and stability of ecological systems. Annual Review of Ecology and Systematics, 4:1-23.
(2) Scheffer, M. (1991) Fish and nutrients interplay determines algal biomass: a minimal model. Oikos, 62:271-282.
(3) May, R. (1976) Simple mathematical models with very complicated dynamics. Nature, 57:397-398.
(4) 芹沢浩 (1993) カオスの現象学．東京図書．

第2章
散逸系とストレンジアトラクタ

> 第2章のキーワード：
> アトラクタ，安定性解析，カオス，熊手分岐，固定点，固有値，固有ベクトル，サドル，散逸系，ストレンジアトラクタ，特性方程式，トレース，パイこね変換，分岐図，ヘテロクリニック軌道，ホップ分岐，ホモクリニック軌道，ヤコビアン，リアプノフ指数，リミットサイクル．

2-1 2変数ロジスティック方程式と熊手分岐
　2-1-1 安定性解析
　2-1-2 実数の固有値と固有ベクトル
2-2 シェファーの最小2成分モデルとホップ分岐
　2-2-1 複素数の固有値と固有ベクトル
　2-2-2 固定点からリミットサイクルへ
2-3 散逸系のカオス
　2-3-1 栄養塩を最下位とする3変数湖沼生態系モデル
　2-3-2 カオスの起源
　2-3-3 散逸系と保存系
　2-3-4 散逸系で見られる4種類のアトラクタ
2-4 第2章の補遺……私流のカオス発見法

2-1　2変数ロジスティック方程式と熊手分岐

2-1-1　安定性解析

例えば，3次元の連続力学系

$$\frac{du}{dt} = f(u,v,w),$$
$$\frac{dv}{dt} = g(u,v,w), \qquad (2\text{-}1)$$
$$\frac{dw}{dt} = h(u,v,w).$$

において，次に与えられる行列をヤコビ行列または**ヤコビアン**(Jacobian)と言う．

$$J = \frac{\partial(f,g,h)}{\partial(u,v,w)} = \begin{pmatrix} \frac{\partial f}{\partial u} & \frac{\partial f}{\partial v} & \frac{\partial f}{\partial w} \\ \frac{\partial g}{\partial u} & \frac{\partial g}{\partial v} & \frac{\partial g}{\partial w} \\ \frac{\partial h}{\partial u} & \frac{\partial h}{\partial v} & \frac{\partial h}{\partial w} \end{pmatrix}. \qquad (2\text{-}2)$$

なお，ヤコビアンは単に行列ではなく，行列式を指すこともある．

具体的な数理モデルを使ってヤコビ行列の意味するところを探ってみよう．例は第1章の2変数ロジスティック方程式(1-6)とよく似た次の力学系で，固定点の位置を見やすくするために，それぞれの式に流入項(Source Term)と呼ばれる定数項 a_0, a_1 が付加されている．

$$\frac{du}{dt} = a_0 + u(1-u) - c_0 uv,$$
$$\frac{dv}{dt} = a_1 + rv(1-v) - c_1 uv. \qquad (2\text{-}3)$$

これから行う作業は**安定性解析**と呼ばれる．安定性解析は位相平面上の各固定点について行われる．この作業に不可欠な道具がヤコビア

ンである．安定性解析により，固定点近傍における系の挙動について，多くの情報を得ることができる．複雑系の解析にヤコビアンが使われることに違和感を覚えるかもしれない．ヤコビアンは行列であり，行列が活躍する分野は線形代数学だからである．複雑系が扱う対象は非線形な現象であり，線形代数学の手法が役に立つのだろうか．そのような疑問を抱くのは当然なことだが，「役に立つ」，それも「非常に役に立つ」というのが答えである．固定点の近傍という局所的な範囲でなら，線形代数学による近似が十分に威力を発揮するのである．

2変数ロジスティック系 (2-3) における安定性解析の手順は以下の通りである．最初の作業は連立方程式

$$\begin{aligned} a_0 + u(1-u) - c_0 uv &= 0, \\ a_1 + rv(1-v) - c_1 uv &= 0. \end{aligned} \quad (2\text{-}4)$$

を解いて，4つの固定点 F_0, F_1, F_2, F_3 を求めることである．固定点の位置は正確に特定しなければならない．これには4次方程式を解析的に，すなわち解の公式を使って解くのがベストである．次に (2-3) 式の右辺をそれぞれ

$$\begin{aligned} f(u,v) &= a_0 + u(1-u) - c_0 uv, \\ g(u,v) &= a_1 + rv(1-v) - c_1 uv. \end{aligned} \quad (2\text{-}5)$$

と置く．そして，各固定点における4個の偏微分係数

$$\begin{aligned} \frac{\partial f}{\partial u} &= 1 - 2u - c_0 v, & \frac{\partial f}{\partial v} &= -c_0 u, \\ \frac{\partial g}{\partial u} &= -c_1 v, & \frac{\partial g}{\partial v} &= r(1-2v) - c_1 u. \end{aligned} \quad (2\text{-}6)$$

を計算し，これらを並べて 2×2 ヤコビ行列

$$J = \begin{pmatrix} \dfrac{\partial f}{\partial u} & \dfrac{\partial f}{\partial v} \\ \dfrac{\partial g}{\partial u} & \dfrac{\partial g}{\partial v} \end{pmatrix}. \quad (2\text{-}7)$$

を作る．さらにヤコビ行列 J を用いて連立方程式

$$\begin{pmatrix} \dfrac{\partial f}{\partial u} & \dfrac{\partial f}{\partial v} \\ \dfrac{\partial g}{\partial u} & \dfrac{\partial g}{\partial v} \end{pmatrix} \begin{pmatrix} x \\ y \end{pmatrix} = \lambda \begin{pmatrix} x \\ y \end{pmatrix}. \tag{2-8}$$

を満たすベクトル $\begin{pmatrix} x \\ y \end{pmatrix}$ とスカラー λ を求める．このとき，λ をそれぞれの固定点における**固有値** (Eigen Value)，$\begin{pmatrix} x \\ y \end{pmatrix}$ を**固有ベクトル** (Eigen Vector) と言う．固有値の数は変数の数と同じで，力学系 (2-3) のような 2 変数モデルの場合，各固定点について 2 個ずつ存在する．連立方程式 (2-8) は定数項がない不定方程式なので，$x = y = 0$ 以外の有意な解を持つためには連立する 2 つの方程式は等価でなければならない．したがって，固有ベクトルは x と y の比によって与えられることになる．

x と y の連立方程式 (2-8) から固有値 λ を求めるために，次の固有値方程式 (**特性方程式**) を作る．

$$\begin{vmatrix} \dfrac{\partial f}{\partial u} - \lambda & \dfrac{\partial f}{\partial v} \\ \dfrac{\partial g}{\partial u} & \dfrac{\partial g}{\partial v} - \lambda \end{vmatrix} = 0. \tag{2-9}$$

具体的に書き下すと，

$$\begin{aligned} & \begin{vmatrix} 1 - 2u - c_0 v - \lambda & -c_0 u \\ -c_1 v & r(1-2v) - c_1 u - \lambda \end{vmatrix} = 0, \\ & (1 - 2u - c_0 v - \lambda)\{r(1-2v) - c_1 u - \lambda\} - c_0 c_1 uv = 0, \\ & \lambda^2 - \{1 + r - (2+c_1)u - (2r+c_0)v\}\lambda \\ & \quad + \{r - (2r+c_1)u - (2+c_0)rv + 2c_1 u^2 + 2c_0 rv^2 + 4ruv\} = 0. \end{aligned} \tag{2-10}$$

この 2 次方程式から 2 個の固有値 λ_0, λ_1 を求めることができる．さらに λ_0, λ_1 を (2-8) のどちらかの等式に代入すれば，それぞれの固有値に対する固有ベクトルも求めることができる．

$$\begin{pmatrix} x \\ y \end{pmatrix} = k \begin{pmatrix} c_0 u \\ 1 - 2u - c_0 v - \lambda \end{pmatrix}. \tag{2-11}$$

(2-11) 式において，λ は λ_0 または λ_1，k は任意の実数を表す．

パラメータの値が $r = 1.0$，$a_0 = a_1 = 0.1$，$c_0 = c_1 = 2.0$ の場合について，$u > 0$，$v > 0$ を満たす3つの固定点 F_0, F_1, F_2 の固定点座標，固有値，固有ベクトルに関する計算結果を記すと表2-1のようになる．固有ベクトルは絶対値1に規格化してあるが，特に意味はない．正負を問わず，これらの実数倍はすべて固有ベクトルに成り得る．

図2-1(a) は上記のパラメータの値において，複数の初期値から出発した軌道と固定点である．このとき座標値がマイナスにならないという条件のもとで3つの固定点 F_1, F_1, F_2 が生成する．これらの中で軌道が集中する左上と右下の2つの点 F_0, F_2 が安定な固定点になる．そして，原点から45°の角度で右上に伸びる直線をセパラトリクスとして，その上に位置する第3の点 F_1 が不安定な固定点である．双安定な系は2個の安定な固定点だけでは実現せず，軌道を反発する不安定な固定点も必要とする．

図2-1(b) には上述の計算によって求めた3つの固定点における固有

表2-1 2変数ロジスティック方程式(2-3)による固定点と固有値

固定点	固有値	固有ベクトル	固有値	固有ベクトル	種類	安定性
$F_0(0.887, 0.113)$	$\lambda_0 = -0.368$	$\begin{pmatrix} x_0 \\ y_0 \end{pmatrix} = \begin{pmatrix} 0.942 \\ -0.336 \end{pmatrix}$	$\lambda_1 = -1.632$	$\begin{pmatrix} x_1 \\ y_1 \end{pmatrix} = \begin{pmatrix} 0.942 \\ 0.336 \end{pmatrix}$	アトラクタ	安定
$F_1(0.414, 0.414)$	$\lambda_0 = 0.172$	$\begin{pmatrix} x_0 \\ y_0 \end{pmatrix} = \begin{pmatrix} 0.707 \\ -0.707 \end{pmatrix}$	$\lambda_1 = -1.483$	$\begin{pmatrix} x_1 \\ y_1 \end{pmatrix} = \begin{pmatrix} 0.707 \\ 0.707 \end{pmatrix}$	サドル	不安定
$F_0(0.113, 0.887)$	$\lambda_0 = -0.368$	$\begin{pmatrix} x_0 \\ y_0 \end{pmatrix} = \begin{pmatrix} 0.336 \\ -0.942 \end{pmatrix}$	$\lambda_1 = -1.632$	$\begin{pmatrix} x_1 \\ y_1 \end{pmatrix} = \begin{pmatrix} 0.336 \\ 0.942 \end{pmatrix}$	アトラクタ	安定

パラメータの値は $r = 1.0$，$a_0 = a_1 = 0.1$，$c_0 = c_1 = 2.0$．後に分岐図を描くと分かるように，パラメータの値が $c_0 = c_1 > 1.4$ のときは2個のアトラクタ F_0 と F_2 を生成するが，$c_0 = c_1 < 1.4$ のときは F_1 のみがアトラクタになる．

ベクトルが図示されている．矢印の長さは絶対値な意味を持つものではないが，固有値の大きさを相対的には反映している．例えば，F_0 において，左上から右下へ中心方向に向かう短い矢印は λ_0 の固有ベクトル，左下から右上へやはり中心方向に向かう長い矢印は λ_1 の固有ベクトルである．λ_1 の固有ベクトルのほうを長く描いてあるが，これは λ_1 の絶対値が λ_0 の絶対値よりも大きいということを考慮したからである．

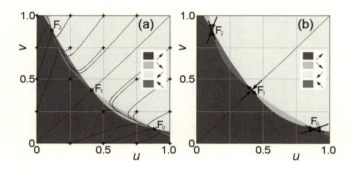

図 2-1 2 変数ロジスティック方程式 (2-3) による 2 つの固定点への収束 (a) と各固定点における固有ベクトル (b)．(a) パラメータの値が $c_0 = c_1 = 2.0$ のとき，この力学系は 2 つの安定な固定点 F_0, F_2 と 2 つの不安定な固定点 F_1, F_3 を生成する．ただし，不安定な固定点 F_3 は座標値がマイナスになり，現実には存在し得ない．現実に存在する 1 つの不安定固定点 F_1 が中央付近に位置し，そこで反発された軌道は左上と右下にある 2 つの安定固定点 F_0, F_2 に分かれて収束していく．原点から右上 45°に伸びる直線が 2 つの安定固定点の流域を分ける分水嶺で，不安定な固定点 F_1 はその上に位置する．(b) 3 つの固定点 F_0, F_1, F_2 はそれぞれ 2 つの固有値とそれに付随する固有ベクトルを有している．マイナスの固有値に対応する固有ベクトルは固定点に向かい，逆にプラスの固有値に対応する固有ベクトルは固定点から離れていく．したがって，固定点が安定で，軌道が収束するためには 2 つの固有値がともにマイナスであることが必要条件である．　$r = 1.0, a_0 = a_1 = 0.1, c_0 = c_1 = 2.0$．

2-1-2　実数の固有値と固有ベクトル

　固有値の正負に関する理解は特に重要である．固有値は速度そのものの大きさではなく，位相平面上での速度の変化率を表すと考えるのが妥当である．固有値が実数の場合，固有ベクトルの向きは変わらない．その上で固有値がマイナスということは固有ベクトルの方向で軌道上の点の動きが減速するということを意味している．このとき軌道は必ず固定点方向に向かっている．もし固定点から減速しながら遠ざかっているのであれば，軌道上の固定点ではないどこかで系の動きが静止してしまうことになる．これでは新たに固定点ができることになり，固定点ではないという前提と明らかに矛盾する．

　逆に固有値がプラスということは固有ベクトルの方向で軌道上の点の動きが加速するということを意味する．このとき固有ベクトルの向きは必然的に固有点から遠ざかっていく．加速しながら固定点に近づいていけば，系はたちまちのうちに固定点に到達してしまうだろう．これは前章で述べた軌道の一意性と矛盾する．固定点は系が無限の時間をかけて漸近する極限点でなければならない．

　以上の考察から次のことが明らかになる．固定点が安定であるためにはすべての軌道が引き寄せられなければならない．その条件は固有値がすべてマイナスになることである．安定な固定点，すなわち完全に吸引的な固定点はすべての軌道を引き寄せるという意味で**アトラクタ**（Attractor）と呼ばれる．2次元の場合，どちらか1つ，または両方の固有値がプラスの固定点は不安定である．したがって，不安定な固定点は2つに分類される．2つの固有値がともにプラスであれば，それは完全に反発的な固定点で，このタイプの固定点はリペラ（Repeller）と呼ばれることもある．固有値の1つがマイナス，もう1つがプラスであれば，軌道はマイナス方向から近づき，プラス方向に去っていく．これは馬の鞍の上をピンポン玉が転がる様子になぞらえることができる．こ

のことからこのタイプの固定点を**サドル**（Saddle）と呼ぶ．

地形にたとえれば，2つの固有値がマイナスの吸引的な固定点，すなわちアトラクタは盆地，2つの固有値がプラスの完全に反発的な固定点は山頂である．そして，1つの固有値がマイナス，もう1つがプラスのサドルは峠に当たる．固有値がマイナスの固有ベクトルに沿って正確に稜線上を下っていけば，無限の時間をかけて峠に到達する．しかし，わずかでも稜線から逸れれば，両脇の谷へ向かって速度を上げながら転げ落ちていく[1]．

前章の図 1-2 から推測できるように，2変数ロジスティック系 (2-3) には安定な固定点 1 個の状態も存在する．図 2-2 はパラメータの値を $a_0 = a_1 = 0.1$, $r = 1.0$ に固定し，c_0 と c_1 を同じ値に保ちながら変化させたときの力学系 (2-3) の**分岐図**である．第 1 章の図 1-3 と同じ方法で描いた図であるが，流入項の存在により，安定な固定点 1 個から 2 個への分岐において，固定点の位置は跳躍せず，連続的に変化し

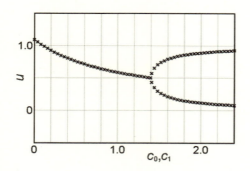

図 2-2 2変数ロジスティック方程式 (2-3) による分岐図．前章の力学系 (1-6) の場合と異なり，この力学系では安定な固定点 1 個から 2 個の状態への分岐において跳躍は起こらず，座標値は連続的に変化する．$c_0 = c_1 = 1.4$ における分岐は不安定固定点も含めると三つ又になる．その形状が熊手を連想させることから，このタイプの分岐を熊手分岐と呼ぶ．

ている．c_0 と c_1 の値が小さいときは，安定な固定点 1 個であるが，パラメータの値が $c_0 = c_1 = 1.4$ を超えると 2 個の安定な固定点を生成し，双安定性を示すようになる．分岐図の形状が熊手を連想させることから，このようなタイプの分岐は**熊手（Pitchfork）分岐**と呼ばれる．図 2-2 において，$c_0 = c_1 < 1.4$ の 1 個の安定な固定点 × は F_1 によるもの，$c_0 = c_1 > 1.4$ の 2 個の × は F_0 と F_2 によるものである．

2-2 シェファーの最小 2 成分モデルとホップ分岐

2-2-1 複素数の固有値と固有ベクトル

2-1 節の 2 変数ロジスティック系 (2-3) における安定な固定点，すなわちアトラクタが 1 個から 2 個への分岐は熊手型であった．しかし，アトラクタ 1 個から別なメカニズムによって異なったタイプの安定状態へ分岐することもある．実例は前章のシェファーの最小 2 成分モデル

$$\frac{du}{dt} = u(1-u) - \frac{u}{h+u}v,$$
$$\frac{dv}{dt} = r\frac{u}{h+u}v - mv.$$
(2-12)

である．

(2-3) と同様，力学系 (2-12) の安定性解析も固定点の取得から始める．両方の座標値がプラスで有意な固定点は次の 1 個である．

$$F\left(\frac{mh}{r-m}, \frac{rh(r-m-mh)}{(r-m)^2}\right).$$
(2-13)

固定点の座標を $F(u_0, v_0)$ とし，さらにヤコビ行列の 4 つの要素を左上から順に $A_{00}, A_{01}, A_{10}, A_{11}$ と置くと，それらの値は

$$A_{00} = 1 - 2u_0 - \frac{h}{(h+u_0)^2} v_0, \quad A_{01} = -\frac{u_0}{h+u_0},$$
$$A_{10} = \frac{rh}{(h+u_0)^2} v_0, \quad A_{11} = \frac{ru_0}{h+u_0} - m. \tag{2-14}$$

そして，特性方程式

$$\begin{vmatrix} A_{00} - \lambda & A_{01} \\ A_{10} & A_{11} - \lambda \end{vmatrix} = 0,$$
$$(A_{00} - \lambda)(A_{11} - \lambda) + A_{01} A_{10} = 0, \tag{2-15}$$
$$\lambda^2 - (A_{00} + A_{11})\lambda + (A_{00} A_{11} + A_{01} A_{10}) = 0.$$

を解いて固有値 λ を求める．ここでヤコビ行列の対角成分の和 $A_{00} + A_{11}$ が2つの固有値の和と等しいことも知っておこう．対角成分の和は**トレース**（Trace）と呼ばれる．

ここまでは (2-3) の安定性解析と同じであるが，ここから先は大きく異なる．例えば，$r = 1.4, m = 0.8, h = 0.3$ のようなパラメータ値を与えると，固有値は複素数になるのである．2つの複素数固有値は共役なので，その実数部，虚数部をそれぞれ a, b として，

$$\lambda_0 = a + bi, \quad \lambda_1 = a - bi. \tag{2-16}$$

と置く．続いて実数固有値のときと同じように固有ベクトルも求める．

$$\begin{pmatrix} A_{00} - \lambda_0 & A_{01} \\ A_{10} & A_{11} - \lambda_0 \end{pmatrix} \begin{pmatrix} x \\ y \end{pmatrix} = 0. \tag{2-17}$$

任意の複素数倍は自由なので，y 成分を1として固有ベクトルを求めると，

$$\begin{pmatrix} x \\ y \end{pmatrix} = \begin{pmatrix} -\dfrac{A_{01}}{A_{00} - a - bi} \\ 1 \end{pmatrix} = \begin{pmatrix} -\dfrac{A_{01}(A_{00} - a + bi)}{(A_{00} - a)^2 + b^2} \\ 1 \end{pmatrix}$$
$$= \begin{pmatrix} \dfrac{(A_{00} - a) A_{01}}{(A_{00} - a)^2 + b^2} - \dfrac{b A_{01}}{(A_{00} - a)^2 + b^2} i \\ 1 \end{pmatrix}. \tag{2-18}$$

となり，x 成分は複素数になることが分かる．

複素数成分の固有ベクトルを用いると，固定点近傍における軌道を近似することができる．固有ベクトルの実数部，虚数部をそれぞれ

$$A = -\frac{(A_{00}-a)A_{01}}{(A_{00}-a)^2+b^2}, \quad B = -\frac{bA_{01}}{(A_{00}-a)^2+b^2}. \quad (2\text{-}19)$$

と置いてから次式を求める．

$$\begin{aligned}
\begin{pmatrix}x\\y\end{pmatrix}\exp\lambda_0 t &= \begin{pmatrix}A+Bi\\1\end{pmatrix}e^{at}(\cos bt + i\sin bt)\\
&= \begin{pmatrix}(A+Bi)(\cos bt + i\sin bt)\\ \cos bt + i\sin bt\end{pmatrix}e^{at}\\
&= \begin{pmatrix}(A\cos bt - B\sin bt)+(A\sin bt + B\cos bt)i\\ \cos bt + i\sin bt\end{pmatrix}e^{at}\\
&= \begin{pmatrix}A\cos bt - B\sin bt\\ \cos bt\end{pmatrix}e^{at} + \begin{pmatrix}A\sin bt + B\cos bt\\ \sin bt\end{pmatrix}e^{at}i.
\end{aligned}$$
(2-20)

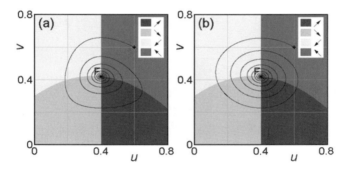

図 2-3 シェファーの最小 2 成分モデル (2-12) による固定点への収束．(a) はルンゲ＝クッタ法による軌道，(b) は (2-21) 式によって近似した軌道であるが，固定点付近において，2 つの軌道を区別することは困難である．実数固有値の 2 変数ロジスティック系 (2-3) と異なり，固有値が複素数の軌道は固定点の周りに渦を巻く．複素数固有値の実数部がマイナスであれば，固定点に収束する軌道を得る．$r = 1.4$, $m = 0.8$, $h = 0.3$.

すると (2-20) 式の実数部，虚数部の 1 次結合

$$\begin{pmatrix} u(t) \\ v(t) \end{pmatrix} = c_0 \begin{pmatrix} A\cos bt - B\sin bt \\ \cos bt \end{pmatrix} e^{at} + c_1 \begin{pmatrix} A\sin bt + B\cos bt \\ \sin bt \end{pmatrix} e^{at}. \quad (2\text{-}21)$$

によって固定点付近における軌道の近似式を求めることができる．ここで c_0, c_1 は任意の実数である．

図 2-3 はパラメータ値を $r = 1.4, m = 0.8, h = 0.3$ としたときの力学系 (2-12) の軌道である．(a) はルンゲ＝クッタ法によって近似したより現実に近い軌道，(b) は (2-21) 式によって近似した軌道で，ともに左回りに渦を巻きながら固定点に収束していく．このときの固定点座標と固有値は F(0.4, 0.42), $\lambda = -0.029 \pm 0.453i$ であるが，固定点近傍において，2 つの軌道はほとんど区別することができない．

2-2-2　固定点からリミットサイクルへ

前章の図 1-5 に示したように，力学系 (2-12) にはパラメータの値

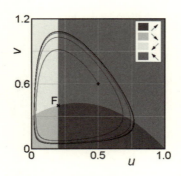

図 2-4　シェファーの最小 2 成分モデル (2-12) によるリミットサイクル．前章の図 1-5 の再録で，× で示された F は固定点を表す．複素数固有値の実数部がプラスになると，軌道は安定な周回軌道，すなわちリミットサイクルに変わる．F(0.2, 0.4)．$r = 2.0, m = 0.8, h = 0.3$．

によって固定点，**リミットサイクル**という 2 つの終局状態が存在する．パラメータの値が $r = 2.0$, $m = 0.8$, $h = 0.3$ のときは図 2-4 のようなリミットサイクルを生成する．実際の固定点の位置と固有値は F(0.2, 0.4), $\lambda = 0.06 \pm 0.417i$ であるが，図 2-3 のときと異なり，複素数固有値の実数部がプラスに変わっていることに注意しよう．

図 2-5 はシェファーの最小 2 成分モデル (2-12) の分岐図で，成長率 r を横軸のパラメータとしている．右側半分の黒く塗りつぶされた部分はリミットサイクルを表し，安定な固定点アトラクタからリミットサイ

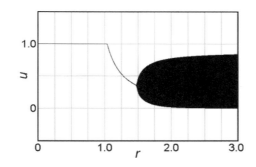

図 2-5 シェファーの最小 2 成分モデル (2-12) による分岐図．先の 2 変数ロジスティック方程式 (2-3) の場合と異なり，この力学系では $r \sim 1.5$ 付近において，安定な固定点 1 個からリミットサイクルへの分岐が起こる．このタイプの分岐をホップ分岐と呼ぶ．なお，$r \sim 1$ 付近における分岐曲線の屈曲はトランスクリティカル (Transcritical) 分岐と呼ばれる．$m = 0.8$, $h = 0.3$．

表 2-2 Scheffer の最小 2 成分モデル (2-12) による固定点，固有値と系の挙動

パラメータ	固定点	固有値	種類	安定性	挙動
$r = 1.4, m = 0.8, h = 0.3$	F(0.4, 0.42)	$\lambda = -0.029 \pm 0.453i$	アトラクタ	安定	収束
$r = 2.0, m = 0.8, h = 0.3$	F(0.2, 0.4)	$\lambda = 0.06 \pm 0.417i$	リペラ	不安定	リミットサイクル

クルへの変化が $r \sim 1.5$ 付近で起きている．これは複素数固有値の実数部がマイナスからプラスに変わることによるもので，このタイプの分岐を**ホップ (Hopf) 分岐**と呼ぶ．

　ホップ分岐点とはシステムの挙動が渦を巻きながらの収束からリミットサイクル振動に移行する臨界点で，その点における固有値は実数部 0 の純虚数になっている．この移行は直感的に次のように理解することができる．2 変数ロジスティック系 (2-3) のように固定点の性格が軌道を引き寄せるアトラクタからサドルに移項しても，その周囲にリミットサイクルのような周回軌道が生まれるとは考えにくい．しかし，渦を巻きながら接近から離反へ移行するならば，その途上で周回軌道が生まれることを想像することは難しくないだろう．

　固有値が実数か複素数かの違いは以下の通りである．実数の場合，軌道は固定点の近傍でそれに向かって直線的に近づいたり，逆に遠ざかったりする．一方，複素数の場合，軌道は固定点に向かって渦を巻きながら近づいたり，遠ざかったりする．その上で固有値の意味については，先に実数と言った部分を複素数の実数部と言い換えれば，ほぼそのままの形で成り立つ．ただし，2 次元の力学系の場合，2 つの複素数固有値は必ず共役なので実数部の符号は同じになり，ともにプラスかマイナス，または 0 のいずれかである．実数部が同符号という条件が自動的に成立するので，実数固有値のサドルに対応する 1 つがプラスでもう 1 つがマイナスという場合は存在しない．

　複素数固有値を持つ固定点近傍における軌道の挙動について，次のように言うことができる．複素数固有値の実数部がマイナスであることは軌道がその固定点に近づくことを，逆にプラスであることは軌道がその固定点から遠ざかることを意味する．したがって，完全に吸引的な固定点であるためには固有値の実数部がマイナスでなければならない．つ

まり，2つの共役複素数固有値 λ_0, λ_1 の実数部がマイナスならばその固定点は安定なアトラクタになり，軌道は固定点に向かって収束する．一方，実数部がプラスであれば固定点は不安定なリペラで，軌道は固定点から離反する．そして，固有値が実数部 0 の純虚数であれば，近づくことも離れることもせず，軌道は固定点の周囲を一定の距離を保ちながら回り続ける．このような固定点は中立であると言われる．なお，以上は固定点にごく近い近傍における話であって，固定点から十分に離れた場所に生成するリミットサイクルなどについて，そのまま当てはまるものではない．

2-3 散逸系のカオス

2-3-1 栄養塩を最下位とする 3 変数湖沼生態系モデル

これまでは 2 変数の力学系を扱ってきたが，この段階で生成可能なアトラクタはリミットサイクルまでである．カオス状のアトラクタを生成したければ，次元を 3 に増やさなければならない．新しい生態系モデルを例にして 3 変数力学系の安定性解析を行う．

これまでの生態系的モデルにおいて，植物プランクトンは常に生態学的下位，すなわち摂取される立場にあった．しかし，食糧となる栄養塩との間で，植物プランクトンが生態学的上位に位置するような数理モデルを構築することも可能である．次の常微分方程式系 (2-22) はそのような生態学的上下関係をモデル化したもので，変数 u は栄養塩の重量，v は植物プランクトンの生物量，w は動物プランクトンの生物量を表す．前章の (1-16) と同じ 3 層 3 成分のカスケード状モデルであるが，1 層ずつずれて，動物プランクトンが最上位に位置する．

$$\frac{du}{dt} = a - uv,$$

$$\frac{dv}{dt} = (r_1 u - m_1)v - \frac{v}{h+v}w, \quad (2\text{-}22)$$

$$\frac{dw}{dt} = \left(r_2 \frac{v}{h+v} - m_2\right)w.$$

パラメータについて，a は環境からの栄養塩流入率，r_1, r_2 は植物プランクトンと動物プランクトンの成長率，m_1, m_2 は植物プランクトンと動物プランクトンの減少率，そして h は植物プランクトンに関する半飽和定数である．植物プランクトンによる栄養塩の摂取がホリングⅠ型

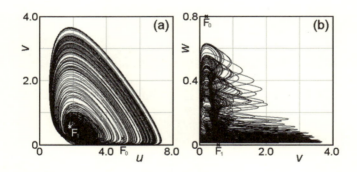

図 2-6 3変数湖沼生態系モデル (2-22) によるストレンジアトラクタ．×で示された F_0 と F_1 は固定点を表す．この数理モデルは一定に割合で流入する栄養塩とそれを摂取する植物プランクトン，さらに植物プランクトンを捕食する動物プランクトンという3層3成分の生態系をモデル化している．栄養塩と植物プランクトンは最も単純なホリングⅠ型で，植物プランクトンと動物プランクトンはホリングⅡ型の捕食・被食関数で結ばれている．$F_0(5.0, 0.2, 0.8)$，$F_1(1.8, 0.556, 0)$．$P_0(2.0, 1.0, 0.2)$．$a = 1.0$，$h = 0.05$，$r_1 = 1.0$，$m_1 = 1.8$，$r_2 = 1.0$，$m_2 = 0.8$．

の関数応答によって,動物プランクトンによる植物プランクトンの捕食がホリングII型の関数応答によって,それぞれモデルに組み込まれている.数理モデル (2-22) に適当なパラメータ値を与えると,3成分のうちの2つ以上がプラスという範囲で2個の不安定固定点 F_0, F_1 が生成し,図 2-6 のようなカオス軌道が生まれる.

3変数モデルの場合も2変数のときと同様に安定性解析を行うことができる.まず

$$
\begin{aligned}
&a - uv = 0, \\
&(r_1 u - m_1)v - \frac{v}{h+v}w = 0, \\
&\left(r_2 \frac{v}{h+v} - m_2\right)w = 0.
\end{aligned}
\tag{2-23}
$$

から固定点を求めると,$w = 0$ の場合も含めて,次の2個の不安定固定点 F_0, F_1 が生成する.

$$
F_0\left(\frac{a(r_2-m_2)}{m_2 h},\ \frac{m_2 h}{r_2-m_2},\ \frac{r_2}{m_2}\left(ar_1 - \frac{m_1 m_2 h}{r_2-m_2}\right)\right),\quad F_1\left(\frac{m_1}{r_1},\ \frac{ar_1}{m_1},\ 0\right).
\tag{2-24}
$$

さらに 3×3 ヤコビ行列の成分

$$
\begin{aligned}
&A_{00} = -v,\quad A_{01} = -u,\quad A_{02} = 0, \\
&A_{10} = r_1 v,\quad A_{11} = u - m_1 - \frac{hw}{(h+v)^2},\quad A_{12} = -\frac{v}{h+v}, \\
&A_{20} = 0,\ A_{21} = \frac{r_2 hw}{(h+v)^2},\quad A_{22} = \frac{r_2 v}{h+v} - m_2.
\end{aligned}
\tag{2-25}
$$

などの値を求めて,次の固有値方程式を作成する.

$$
\begin{vmatrix}
A_{00}-\lambda & A_{01} & A_{02} \\
A_{10} & A_{11}-\lambda & A_{12} \\
A_{20} & A_{21} & A_{22}-\lambda
\end{vmatrix} = 0.
\tag{2-26}
$$

以上の計算により,パラメータの値が $a = 1.0,\ h = 0.05,\ r_1 = 1.0,\ m_1 = 1.8,\ r_2 = 1.0,\ m_2 = 0.8$ のとき,固定点と3つの固有値として,

$F_0(5.0, 0.2, 0.8)$ については $\lambda_0 = 1.758$, $\lambda_1 = 0.0687$, $\lambda_2 = -0.085$, $F_1(1.8, 0.556, 0)$ については $\lambda_0 = 0.117$, $\lambda_1 = -0.278 + 0.961i$, $\lambda_2 = -0.278 - 0.961i$ を求めることができる．

　上記の3次元力学系において，固定点 F_0 における固有値は3つとも実数である．実数固有値のみの場合，すべてがマイナスであればアトラクタ，すべてがプラスであればリペラ，プラスとマイナスの固有値が混在すればサドルであることは2次元のときと同様である．したがって，上記の力学系 (2-22) の固定点 F_0 はサドルである．ただし，プラスとマイナスが混在する場合，プラスの固有値とマイナスの固有値の比が1対2のときもあれば2対1のときもあるが，いずれの固定点もサドルである．

　2次元の場合と異なり，3次元の力学系では実数固有値と複素数固有値が混在する場合も考えられる．その場合は実数固有値および複素数固有値の実数部を取り出せば，上記と同じことが言える．特にサドルについてはプラスの実数固有値1個と実数部がマイナスの複素数固有値2個，またはマイナスの実数固有値1個と実数部がプラスの複素数固有値2個という2つのケースが考えられる．軌道の様子を見ると，前者のサドル付近では渦を巻きながら接近し，直線的に離反する．一方，後者のサドル付近では直線的に接近し，渦を巻きながら離反する．

　具体的に力学系 (2-22) においては $w = 0$ の F_1 が実数固有値と複素数固有値が混在するサドルで，その内訳はプラスの実数固有値1個と実数部がマイナスの共役な複素数固有値2個である．図2-6の軌道を詳しく観察すると，F_0 に接近しようとすると跳ね飛ばされ，同時に F_1 の周りで渦を巻いているようにも見える．したがって，力学系 (2-22) におけるストレンジアトラクタ生成には F_0 と F_1 の両方が関与していると考えられる．

　ある固定点から出発した軌道が他の固定点を経由することなく，直

接，その固定点に戻ってくれば，そのような軌道を**ホモクリニックな**（Homoclinic）**軌道**と呼ぶ．つまり，ホモクリニックな軌道とは同一の固定点を結ぶ軌道で，その固定点は必ずサドルである．また，異なる固定点を繋ぐ軌道は**ヘテロクリニックな**（Heteroclinic）**軌道**と呼ばれ，このときの固定点はサドルに限られない．ホモクリニックな軌道もヘテロクリニックな軌道も次元に関係なく，2次元力学系でも3次元力学系でも存在し得るが，固有値が複素数になる2次元力学系の場合，サドルは存在することができないので，必然的にホモクリニックな軌道も存在しない．

2-3-2　カオスの起源

　これまで調べてきたように固定点における固有値を求めることによって，固定点近傍における系の挙動を説明することはできる．しかし，固有値は位相空間内のあらゆる場所で計算することができ，その値は場所によって異なる．リミットサイクルやカオスなどの軌道は固定点からかなり離れた場所に形成されるので，固定点における固有値とは区別して考える必要がある．ただし，カオスの生成について，1つだけ言えることがある．それは3次元以上の力学系におけるカオスの生成にはサドルとなる固定点が大きな役割を担うということである．サドルとなる不安定固定点が存在することにより，そこに近づいてきた軌道は別な方向に散乱される．実数値または実数部がマイナスの方向から近づいてきた軌道は入射方向のわずかな違いが増幅され，予想できない方向に跳ね飛ばされる．これがすべてではないが，その意外性や予測の不可能さ，不確実さがカオス発生のメカニズムを構成する一連のストーリーの中での重要な一コマであることは間違いない．そのことを確認した上で，3次元力学系における固有値とカオス発生の条件について，もう少し検討を加

えよう[2].

　一般に軌道上の各点には**リアプノフ**（Lyapunov）**指数**と呼ばれる量が存在し，リアプノフ指数の値はその点における固有値から計算することができる．3次元力学系の場合，位相空間内の各点においてリアプノフ指数は固有値と同じく3つあり，それらは3方向，すなわち進行方向とそれに垂直な2方向への軌道の広がり具合を表す指標であると考えられる．特に重要なのは軌道流線に対して垂直な方向への広がりを表す2つで，この方向のリアプノフ指数がマイナスとプラスの1個ずつであることがカオス発生の条件になる．マイナスとプラスのリアプノフ指数はそれぞれの方向へ軌道が縮小または拡大されることを意味する．軌道はマイナスのリアプノフ指数の方向に押しつぶされると同時にプラスのリアプノフ指数の方向に引き延ばされる．さらに圧縮と拡張によって扁平になった軌道が折りたたまれて一定の範囲に収まるようなメカニズムが加われば，カオス発生の条件が整うことになる．カオスを生成する3次元以上の力学系はいずれもこのようなメカニズムを備えている．離散

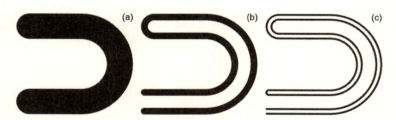

図 2-7　パイこね変換とカオス発生のメカニズム．パイこね変換の原理に従って，軌道流線の束を横に引き伸ばしてから折りたたむ．この操作の繰り返しによってカオス発生のメカニズムを説明することができる．散逸系のストレンジアトラクタに特有なフラクタル構造はパイこね変換が生む必然的な帰結である．(a)，(b)，(c) は軌道の断面図で，それぞれ1回目，2回目，3回目の操作が終わったときの状態を示す[1]．

系におけるカオス発生のメカニズムもある方向に押しつぶされると同時に別な方向に引き延ばされ，そして折りたたまれる**パイこね変換**であった．この原理がカオス発生の根底にあることは連続系の場合も同じである（図 2-7）．

以上で述べたことをまとめると，カオス発生のメカニズムについて，定性的に次のように言い表すことができる．

(1) 軌道がサドルとなる固定点に接近し，予期せぬ方向に跳ね飛ばされる．

(2) 跳ね飛ばされた軌道の束に対し，位相空間内で圧縮，引き延ばし，折りたたみの操作が繰り返される．

(3) (2) の変形を被った軌道が再び (1) の固定点に戻ってくる．このときホモクリニックな軌道として戻ってくることもあれば，ヘテロクリニックな軌道として戻ってくることもある．後者の場合，別なサドルにおいても接近と跳ね飛ばしという同様なプロセスが起きているだろう．

こうした (1), (2), (3) のプロセスの繰り返しがカオス発生のメカニズムである．散逸系のストレンジアトラクタに特有なフラクタル構造の起源も (2) のメカニズムによって説明されるだろう．

2-3-3 散逸系と保存系

散逸系（Dissipative System）と**保存系**（Conservative System）は力学系を区別する重要な概念である．その違いにおいて重要になるのは固有値またはリアプノフ指数という量である．本来の意味では，エネルギーの保存則が成り立つ系，すなわち位置エネルギーと運動エネルギーの和が一定に保たれる系を保存系と言い，そうでない系を散逸系と言

う．散逸系には外部からエネルギーが流入することによってエネルギーの総和が増加する系と，逆に流出によって総和が減少する系がともに含まれる．

保存系と散逸系の典型的な例は摩擦のない振り子と摩擦のある振り子である．摩擦のない振り子は位置エネルギーと運動エネルギーを交換しながら永久に同じ振幅の振動し続ける．それに対し，摩擦のある振り子はエネルギーを熱として空気中に放出しながら減衰していき，最終的に位置エネルギーも運動エネルギーも0になった状態で静止する．

しかし，保存系と散逸系という用語はもう少し拡張した意味で使われる場合が多い．それによれば，位相空間において微小部分の体積（2次元の場合は面積）が変化しない系を保存系と言い，変化する系を散逸系と言う．一般に位相空間の体積変化率はヤコビアンの対角成分の和であるトレース（Trace）によって表され，この値は固有値の和とも等しい．例えば，3次元の力学系では次式が成立する．

$$\frac{1}{V}\frac{dV}{dt} = \frac{\partial f(u,v,w)}{\partial u} + \frac{\partial g(u,v,w)}{\partial v} + \frac{\partial h(u,v,w)}{\partial w} = \lambda_0 + \lambda_1 + \lambda_2. \tag{2-27}$$

具体的に先の栄養塩を最下位とする3変数湖沼生態系モデル (2-22) において，この値は

$$\frac{1}{V}\frac{dV}{dt} = -v + u - m_1 - \frac{hw}{(h+v)^2} + \frac{r_2 v}{h+v} - m_2. \tag{2-28}$$

となる[2]．

一般にカオスを生み出すような散逸系における位相空間の体積変化率は場所によって大きく変化するのが通例である．そのことがカオスを生む遠因にもなっているわけであるが，詳しい解説は本書の範囲を越えるので，興味がある人はより高度な専門書を参照されたい．ただし，保存系においては全空間で体積変化率が0になる．

2-3-4　散逸系で見られる4種類のアトラクタ

　力学系は散逸系と保存系に分類される．これまで本章で扱ってきた2変数ロジスティック方程式 (2-3)，シェファーの最小2成分モデル (2-12)，栄養塩を最下位とする3変数湖沼生態系モデル (2-22) などはすべて散逸系である．ロトカ＝ヴォルテラ方程式系 (1-10) を除く第1章のモデルも散逸系である．散逸系はアトラクタ（Attractor）を生成する．アトラクタとは軌道を引き寄せる安定した極限図形のことで，0次元の固定点，1次元のリミットサイクルの他に2次元のトーラス（Torus），2と3の間の小数を次元とするカオス状のものがある．特にカオス状のアトラクタを**ストレンジアトラクタ**（Strange Attractor）と呼ぶ．3次元の湖沼生態系モデルに限定すれば，前章の (1-17) がトーラス状のアトラクタを生成する散逸系，前章の (1-15) と (1-16)，および本章の (2-22) がストレンジアトラクタを生成する散逸系である．4種類のアトラクタはそれぞれ収束，周期振動，準周期振動，カオスという運動状態に対応する（表2-3）．

　1変数の散逸系では固定点アトラクタだけが，2変数の散逸系では固定点に加えてリミットサイクルも観察される．しかし，トーラスやストレンジアトラクタを生成するためには最低限3つの変数が必要になる．その理由は図形としてのトーラスが2次元，ストレンジアトラクタが2と3の間の小数次元であることから直感的に理解できる．一般に図形を収容するための容器としての空間の次元は収容される図形そのものの次元よりも大きくなければならないからである．

表 2-3　連続力学系のアトラクタ

アトラクタ	次元	終局状態
固定点	0	収束
リミットサイクル	1	周期振動
トーラス	2	準周期振動
ストレンジアトラクタ	2〜3	カオス

アトラクタは軌道上を動く点を引き寄せる．系の撹乱によってアトラクタから点が離れても，いずれアトラクタに戻ってくる．このようにゆらぎに対して復元力を持つこと，すなわち安定であることがアトラクタであることの最も重要な条件である．したがって，安定でない場合，すなわち，わずかな撹乱によってその状態が崩壊してしまう場合は平衡点であってもアトラクタとは言わない．

多重安定，双安定という概念もアトラクタという言葉を用いるとより的確に表現することができる．ある力学系に複数のアトラクタが存在するとき，その状態を多重安定，特に2個のアトラクタが存在するときは双安定と呼んでいる．力学系が多重安定の場合，同種のアトラクタだけのこともあれば，リミットサイクルとストレンジアトラクタというように異種のアトラクタが混在する場合もある．

2-4　第2章の補遺……私流のカオス発見法

本書にはカオス軌道を描いた画像が数多く収録されている．これらの多くは私自身が創作したモデルによるオリジナルなカオスであるが，それらはどのようにして発見されたのだろうか．ここで私流のカオス発見のテクニックを紹介しよう．

まずモデルの構想であるが，これは自分の知識を活用しながら考案するしかないだろう．問題は創作したモデルにおいて，カオスを発生するようなパラメータの数値をどのようにして発見するかである．カオスという性格上，理論的にカオスを生成するパラメータ値の組み合わせを求めることは極めて困難である．そこで，ある程度，勘に頼りながら，カオスになるパラメータの値を捜し求めなければならないが，ただやみ

くもに捜しても時間がかかるばかりである．そこでできるだけ短い時間で効率的に捜す必要がある．その具体的な方法が以下の通りである．

(1) 数理モデルの骨格を構想する．このとき可能な限り少なくしたパラメータを適当に配置しながら，具体的にひと組の微分方程式を書き下す．ここではパラメータや変数を無次元化する知識も必要になる．
(2) 次にすべてのパラメータの値を仮設定する．そして，その中から1つのパラメータを選び，適当な範囲で変化させながら分岐図を描く．分岐図の使用がカオス捜索のキーである．
(3) (2)の作業を繰り返し，図2-8のようなカオスの兆候を捜す．ただし，いきなりカオスを追い求めるのではなく，まず，リミットサイクルを見つけてから次にカオスの兆候を捜すという風に順を踏んだほうが賢明だろう．リミットサイクルからカオスに発展するのが通常のパターンだからである．そして，カオスの兆候が見つかったら，実際に軌道を描いてカオスが発生していることを確認する．

以下，実例によって説明しよう．具体的に構想したのは次のような1層3成分の湖沼生態系モデルである．このモデルは3種の植物プランクトンまたは動物プランクトンによって構成され，それらは巡回的な捕食・被食関係にある．すなわち，uはwを捕食し，vに捕食される．vはuを捕食し，wに捕食される．wはvを捕食し，uに捕食される．ここで3成分は一定量の割合で生態系に流れ込み続けると仮定し，自己増殖はしない．そして，捕食・被食応答関数はすべてホリングII型を採用する．これはあくまでも説明用として興味本位で考案したモデルなので，現実にそのような系が存在するかどうかは別問題である．すると具体的な数理モデルとして，次のような連続力学系を構想することができる．

$$\frac{du}{dt} = 1 - \frac{u}{h_0+u}v + \frac{w}{h_2+w}u,$$

$$\frac{dv}{dt} = a_1 - b_1\frac{v}{h_1+v}w + c_1\frac{u}{h_0+u}v, \quad (2\text{-}29)$$

$$\frac{dw}{dt} = a_2 - b_2\frac{w}{h_2+w}u + c_2\frac{v}{h_1+v}w.$$

系に含まれる合計 9 個のパラメータ a_1, b_1, c_1, a_2, b_2, c_2, h_0, h_1, h_2 のうち b_2 を横軸に選んで描いた分岐図が図 2-8 である.

この分岐図には収束, リミットサイクル, カオスすなわちストレンジアトラクタ, そして発散という 4 種類の情報が含まれている. 分かり

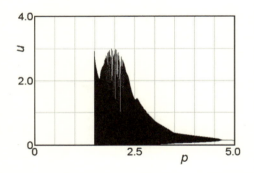

図 2-8 3 変数湖沼生態系モデル (2-29) による分岐図. 横軸のパラメータ b_2 を $0 \leq b_2 \leq 5.0$ の範囲で変化させ, 残りの 8 個のパラメータの値は固定する. この分岐図から系の挙動に関する明確な 4 種類のサインを見て取ることができる. それらは左から順に発散 ($0 \leq b_2 < 1.5$), カオス ($1.7 < b_2 < 2.3$), リミットサイクル振動 ($3.5 < b_2 < 4.7$), 固定点への収束 ($4.7 < b_2 \leq 5.0$) で, 残りの範囲では複雑な形状のリミットサイクルが生成していると思われる. 固定するパラメータと変化させる横軸のパラメータを交換しながら同様な分岐図を描く作業を繰り返し, 最終的にこのような分岐図に至れば, カオスを描くパラメータのセットに到達することができる. b_2 以外のパラメータについて, $a_1 = 0.6$, $b_1 = 1.2$, $c_1 = 2.0$, $c_2 = 0.2$, $h_0 = 0.04$, $h_1 = 4.0$, $h_2 = 0.5$.

易いものから見ていくと，横軸のパラメータ $0 \leqq b_1 < 1.5$ の範囲に見られる空白の領域は発散を表す．また $4.7 < b_2 \leqq 5.0$ の短い曲線部分は固定点への収束である．興味深い部分は残った黒く塗りつぶされた部分であるが，上下の輪郭がはっきりした滑らかな曲線を描く部分は単純なリミットサイクルを表すと考えられる．具体的に $3.5 < b_1 < 4.2$ の範囲ではそのようなリミットサイクルが生成していると見て間違いないだろう．そこから左へ移動し，上の輪郭が屈曲した $2.5 < b_1 < 3.5$ の範囲は単純なリミットサイクルが歪みはじめ，複雑に絡み合いはじめた状態と考えられる．そして，カオスの発生を強く期待できるのが $b_1 = 2.0$ を中心とした ± 0.3 くらいの場所で，上部の輪郭がギザギザしていることが有力なカオスの兆候である．

上記の結果を得て，$b_1 = 2.0$ として描いた軌道が図 2-9 である．(b) の斜めに走る急な屈曲の理由は定かではないが，明らかなカオス状態を示していることは確かである．ちなみに固定点 F と F における固有値

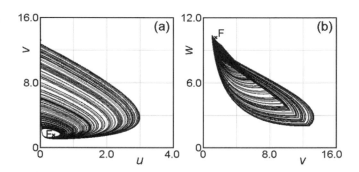

図 2-9 3 変数湖沼生態系モデル (2-29) によるストレンジアトラクタ．× で示された F は固定点を表す．最後に分岐図から推測したパラメータの値を使って実際に軌道を描き，カオスが発生していることを確認する．F(0.399, 1.158, 10.176)． 初期値は $P_0 (1.0, 2.0, 8.0)$． $a_1 = 0.6$, $b_1 = 1.2$, $c_1 = 2.0$, $a_2 = 0.2$, $b_2 = 2.0$, $c_2 = 0.2$, $h_0 = 0.04$, $h_1 = 4.0$, $h_2 = 0.5$.

を求めると，F(0.399, 1.518, 10.176)，$\lambda_0 = -0.365$，$\lambda_1 = 0.634 + 0.952i$，$\lambda_2 = 0.634 - 0.952i$ で，この固定点はサドルというカオス発生に必要な要件を満たしていることが分かる．

　分岐図を描く作業を繰り返し，ついにカオスを見出したときの喜びは格別であるが，かなり眼に負担がかかる作業でもある．健康被害にはくれぐれも注意してほしい．

第 2 章の参考文献
(1) 芹沢浩 (1993) カオスの現象学．東京図書．
(2) 長島弘幸，馬場良和 (1992) カオス入門－現象の解析と数理－．培風館．

第3章
保存系のカオス

第3章のキーワード：
単純化された3体問題，2重振り子，ばね振り子，ハミルトニアン，エノン‐ハイレス系，保存系，ラグランジュ関数，ラグランジュ方程式．

3-1 ロトカ＝ヴォルテラ方程式の安定性解析
3-2 振り子のカオス
　3-2-1 2重振り子
　3-2-2 ばね振り子
3-3 天体のカオス
　3-3-1 単純化された3体問題
　3-3-2 エノン‐ハイレス系

3-1 ロトカ＝ヴォルテラ方程式の安定性解析

この章ではアトラクタを生成しない**保存系**の挙動を調べる．保存系の場合，初期状態で運動している系はエネルギーを散逸することなく，永久に運動が持続する．したがって，可能な運動状態は周期振動，準周期振動，カオスの3種類である．

再び第1章の2変数のロトカ＝ヴォルテラ方程式を取り上げよう．

$$\frac{du}{dt} = u - uv,$$
$$\frac{dv}{dt} = ruv - mv. \tag{3-1}$$

前章の2変数ロジスティック系 (2-3)，Scheffer の最小2成分モデル (2-12) などに倣って，同様な安定性解析を行う．固定点座標，固有値を求める特性方程式などは以下の通りである．

$$\mathrm{F}\left(\frac{m}{r}, 1\right). \tag{3-2}$$

$$\frac{\partial f}{\partial u} = 1 - v, \quad \frac{\partial f}{\partial v} = -u, \quad \frac{\partial g}{\partial u} = rv, \quad \frac{\partial g}{\partial v} = ru - m. \tag{3-3}$$

$$\begin{vmatrix} 1-v-\lambda & -u \\ rv & ru-m-\lambda \end{vmatrix} = 0,$$
$$(1-v-\lambda)(ru-m-\lambda) + ruv = 0,$$
$$\lambda^2 - (1 - m + ru - v)\lambda + ru + mv - m = 0. \tag{3-4}$$

さらに固定点座標を $\mathrm{F}(u_0, v_0)$ として，その値を特性方程式 (3-4) に代入すると，

$$\lambda^2 + m = 0, \quad \lambda = \pm\sqrt{m}i. \tag{3-5}$$

2つの固有値 λ_0, λ_1 は実数部0の純虚数であることが分かる．

力学系 (3-1) の位相平面における面積変化率を求めると，

$$\frac{1}{V}\frac{dV}{dt} = \frac{\partial f}{\partial u} + \frac{\partial g}{\partial v} = 1 - v + ru - m. \qquad (3\text{-}6)$$

となり，全平面上で0ではないが，少なくとも固定点では0で，その近傍では保存系として振る舞うことが期待される．

図 3-1 に初期値を $P_0(0.25, 1.0)$ とする周回軌道を示すが，この周回軌道は初期値を含んだ軌道を回り続け，そこから逸脱することはない．したがって，異なった初期値から始めれば異なった軌道になり，リミットサイクルのように安定な周回軌道に収束することはない．このような初期値に依存する不安定な軌道はアトラクタを生成しない保存系の特徴である．

このことは固有値からも明らかになる．(3-5) 式が示すように，この系の固有値は純虚数で，実数部は 0 である．このことはひとたび描かれた軌道は固定点の周りで収縮もせず，拡大もせず，同じ大きさを保ち続けることを意味している．

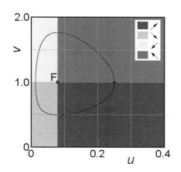

図 3-1 ロトカ＝ヴォルテラ方程式 (3-1) による周回軌道．× で示された F は固定点を表す．この周回軌道は初期値によってサイズが異なり，その違いは永久に解消されない．その点，同一の周回軌道に帰着するリミットサイクルとは本質的に性格が異なる．このような不安定な周回軌道を生む系はリミットサイクルなどのアトラクタを生成する散逸系に対して，保存系と呼ばれる．初期値 $P_0(0.25, 1.0)$, $F(0.08, 1.0)$, $r = 2.5$, $m = 0.2$.

3-2 振り子のカオス

3-2-1 2重振り子

　3つ以上の変数を持っていれば，保存系でもカオスを生成する力学系が数多く存在する．その中から解析力学の手法を用いると容易に扱うことができる4つの例を紹介する．これらは振り子が2例，天体の運動が2例で，すべて純粋に物理学的な系であり，これまでの生態学的モデルとは関係ない．

　2重振り子の運動方程式は**ラグランジュ関数**（Lagrangian）を用いると次のように導くことができる[1]．第1の振り子の糸の長さと錘の重さを l_1, m_1，第2の振り子のそれらを l_2, m_2 とする．さらに第1，第2の振り子が鉛直方向となす角度をそれぞれ θ_1, θ_2，それらの角速度を $\omega_1 = d\theta_1/dt, \omega_2 = d\theta_2/dt$ としてから，系の運動エネルギーと位置エネルギーを求める．

　まず，位置エネルギー P は重力定数を g として，次のように求めることができる．

$$
\begin{aligned}
P &= m_1 l_1 g(1-\cos\theta_1) + m_2 g\{l_1(1-\cos\theta_1) + l_2(1-\cos\theta_2)\} \\
  &= \{(m_1+m_2)l_1(1-\cos\theta_1) + m_2 l_2(1-\cos\theta_2)\}g.
\end{aligned}
\tag{3-7}
$$

続いて運動エネルギーも求める．そのために錘の位置を x 座標，y 座標で表してから，それらを微分する．

$$
\begin{aligned}
x_1 &= l_1 \sin\theta_1, \\
y_1 &= l_1(1-\cos\theta_1), \\
x_2 &= l_1 \sin\theta_1 + l_2 \sin\theta_2, \\
y_2 &= l_1(1-\cos\theta_1) + l_2(1-\cos\theta_2).
\end{aligned}
\tag{3-8}
$$

$$\frac{dx_1}{dt} = l_1 \cos\theta_1 \frac{d\theta_1}{dt} = l_1\omega_1 \cos\theta_1,$$

$$\frac{dy_1}{dt} = l_1 \sin\theta_1 \frac{d\theta_1}{dt} = l_1\omega_1 \sin\theta_1,$$

$$\frac{dx_2}{dt} = l_1 \cos\theta_1 \frac{d\theta_1}{dt} + l_2 \cos\theta_2 \frac{d\theta_2}{dt} = l_1\omega_1 \cos\theta_1 + l_2\omega_2 \cos\theta_2,$$

$$\frac{dy_2}{dt} = l_1 \sin\theta_1 \frac{d\theta_1}{dt} + l_2 \sin\theta_2 \frac{d\theta_2}{dt} = l_1\omega_1 \sin\theta_1 + l_2\omega_2 \sin\theta_2. \tag{3-9}$$

これより運動エネルギー K を表す次の式を得る.

$$K = \frac{1}{2}m_1\left\{\left(\frac{dx_1}{dt}\right)^2 + \left(\frac{dy_1}{dt}\right)^2\right\} + \frac{1}{2}m_2\left\{\left(\frac{dx_2}{dt}\right)^2 + \left(\frac{dy_2}{dt}\right)^2\right\}$$

$$= \frac{1}{2}m_1 l_1{}^2\omega_1{}^2 + \frac{1}{2}m_2\{l_1{}^2\omega_1{}^2 + l_2{}^2\omega_2{}^2 + 2l_1 l_2\omega_1\omega_2\cos(\theta_1-\theta_2)\}, \tag{3-10}$$

$$= \frac{1}{2}(m_1+m_2)l_1{}^2\omega_1{}^2 + \frac{1}{2}m_2 l_2{}^2\omega_2{}^2 + m_2 l_1 l_2 \omega_1\omega_2\cos(\theta_1-\theta_2).$$

次に (3-7) と (3-10) からラグランジュ関数 を作り,

$$\frac{\partial K}{\partial \theta_1} = -m_2 l_1 l_2 \omega_1 \omega_2 \sin(\theta_1-\theta_2), \quad \frac{\partial P}{\partial \theta_1} = (m_1+m_2)l_1 g \sin\theta_1,$$

$$\frac{\partial K}{\partial \omega_1} = (m_1+m_2)l_1{}^2\omega_1 + m_2 l_1 l_2 \omega_2 \cos(\theta_1-\theta_2), \quad \frac{\partial P}{\partial \omega_1} = 0,$$

$$\frac{\partial K}{\partial \theta_2} = m_2 l_1 l_2 \omega_1 \omega_2 \sin(\theta_1-\theta_2), \quad \frac{\partial P}{\partial \theta_2} = m_2 l_2 g \sin\theta_2, \tag{3-11}$$

$$\frac{\partial K}{\partial \omega_2} = m_2 l_2{}^2\omega_2 + m_2 l_1 l_2 \omega_1 \cos(\theta_1-\theta_2), \quad \frac{\partial P}{\partial \omega_2} = 0.$$

などを考慮しながら, **ラグランジュ**(Lagrange) **方程式**

$$\frac{d}{dt}\left(\frac{\partial L}{\partial \omega_1}\right) - \frac{\partial L}{\partial \theta_1} = 0,$$

$$\frac{d}{dt}\left(\frac{\partial L}{\partial \omega_2}\right) - \frac{L}{\partial \theta_2} = 0. \tag{3-12}$$

に代入して整理する. このとき

$$\mu = \frac{m_2}{m_1 + m_2}, \quad \lambda = \frac{l_2}{l_1}. \tag{3-13}$$

のような置き換えを行うと，次の連立微分方程式を得る．

$$\begin{aligned}\frac{d\omega_1}{dt} + \mu\lambda \cos(\theta_1 - \theta_2)\frac{d\omega_2}{dt} &= f_1, \\ \frac{1}{\lambda}\cos(\theta_1 - \theta_2)\frac{d\omega_1}{dt} + \frac{d\omega_2}{dt} &= f_2.\end{aligned} \tag{3-14}$$

ただし，

$$\begin{aligned}f_1 &= -\mu\lambda\omega_2^2 \sin(\theta_1 - \theta_2) - \frac{g}{l_1}\sin\theta_1, \\ f_2 &= \frac{1}{\lambda}\omega_1^2 \sin(\theta_1 - \theta_2) - \frac{g}{l_2}\sin\theta_2.\end{aligned} \tag{3-15}$$

この連立微分方程式 (3-14) を $d\omega_1/dt, d\omega_2/dt$ に関する連立1次方程式と考え，行列を使って書き直す．

$$\begin{pmatrix} 1 & \mu\lambda\cos(\theta_1-\theta_2) \\ \frac{1}{\lambda}\cos(\theta_1-\theta_2) & 1 \end{pmatrix} \begin{pmatrix} \dfrac{d\omega_1}{dt} \\ \dfrac{d\omega_2}{dt} \end{pmatrix} = \begin{pmatrix} f_1 \\ f_2 \end{pmatrix}. \tag{3-16}$$

さらに，左から逆行列を掛けると，

$$\begin{pmatrix} \dfrac{d\omega_1}{dt} \\ \dfrac{d\omega_2}{dt} \end{pmatrix} = \frac{1}{D}\begin{pmatrix} 1 & -\mu\lambda(\theta_1-\theta_2) \\ -\frac{1}{\lambda}\cos(\theta_1-\theta_2) & 1 \end{pmatrix}\begin{pmatrix} f_1 \\ f_2 \end{pmatrix}. \tag{3-17}$$

ここで $D = 1 - \mu\cos^2(\theta_1 - \theta_2)$ は行列式の値である．この2つに $d\theta_1/dt = \omega_1$, $d\theta_2/dt = \omega_2$ を合わせると，最終的に次の4つでひと組の運動方程式を得る．

$$\frac{d\theta_1}{dt} = \omega_1,$$

$$\frac{d\theta_2}{dt} = \omega_2,$$

$$\frac{d\omega_1}{dt} = \frac{1}{D}\{f_1 - \mu\lambda\cos(\theta_1-\theta_2)f_2\},$$

$$\frac{d\omega_2}{dt} = \frac{1}{D}\left\{-\frac{1}{\lambda}\cos(\theta_1-\theta_2)f_1 + f_2\right\}.$$

(3-18)

この運動方程式にルンゲ=クッタ法を適用すれば，2重振り子のカオス軌道を描くことができる（図3-2）．ただし，$l_1 = g = 1$としている．

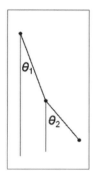
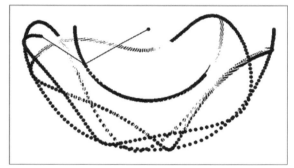

図 3-2 2重振り子 (3-18) によるカオス．2重振り子はカオスの挙動を示す保存系（ハミルトン系）としてよく知られている．この振り子は2本の重さを無視できる棒と2個の錘からなり，支点が固定された第1の振り子の先に第2の振り子を連結した2重の構造になっている．第1振り子の錘が円周から外れることはないが，第2振り子の錘は円周を離れて平面上を自由に動き回ることができる．初期状態として，適当な位置まで錘を持ち上げてから離すと，2個の錘は微妙に位置や速度を変えながら極めて複雑な動きを示す．ただし，保存系においては散逸系のようにストレンジアトラクタが形成されることはない．$\mu = 0.6$, $\lambda = 1/\sqrt{2}$, $l_1 = 1$, $l_2 = \lambda l_1$. 初期値は $\theta_{10} = \pi/2 = 90°$, $\theta_{20} = \pi/2 = 90°$, $\omega_{10} = 0$, $\omega_{20} = 0$．なお，このプログラムの原型は故長島弘幸氏による．

3-2-2 ばね振り子

現物を作るのは難しいとしても，**ばね振り子**の解析は2重振り子のときよりもずっと簡単である[1]．直接，運動方程式を導くのもそれほど困難ではないが，解析力学の手法に習熟するための演習問題として，あえてラグランジュ関数を使うのもよいだろう．錘の重さを m，伸縮するが曲がらないばねのばね定数を k，釣り合った状態における錘の支点からの距離を l，重力定数を g とする．さらに錘の釣り合った状態からの変位を x，その速度を $v = dx/dt$，振り子が鉛直方向となす角度を θ，その角速度を $\omega = d\theta/dt$ として，位置エネルギー P と運動エネルギー K を x, θ, v, ω を用いて表す．

$$
\begin{aligned}
P &= mg(l+x)(1-\cos\theta) + \frac{1}{2}kx^2, \\
K &= \frac{1}{2}m\left\{\left(\frac{dx}{dt}\right)^2 + (l+x)^2\left(\frac{d\theta}{dt}\right)^2\right\} = \frac{1}{2}m\{v^2 + (l+x)^2\omega^2\}.
\end{aligned}
\tag{3-19}
$$

P と K を**ラグランジュ方程式**に代入すると，

$$
\begin{aligned}
m\frac{dv}{dt} &= m(l+x)\omega^2 - mg(1-\cos\theta) - kx, \\
2v\omega + (l+x)\frac{d\omega}{dt} &= -g\sin\theta.
\end{aligned}
\tag{3-20}
$$

これを $dv/dt, d\omega/dt$ について解き，さらに $dx/dt = v, d\theta/dt = \omega$ を加えると，最終的な運動方程式は

$$
\begin{aligned}
\frac{dx}{dt} &= v, \\
\frac{d\theta}{dt} &= \omega, \\
\frac{dv}{dt} &= (l+x)\omega^2 - g(1-\cos\theta) - \frac{k}{m}x, \\
\frac{d\omega}{dt} &= -\frac{1}{l+x}(2v\omega + g\sin\theta).
\end{aligned}
\tag{3-21}
$$

となる.図 3-3 がばね振り子のカオス的振動である.ただし,$m = l = 1$ としている.

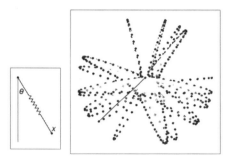

図 3-3 ばね振り子 (3-21) によるカオス.ばね振り子は錘を吊るす棒に曲がらないが伸縮するばねを使った振り子で,先の 2 重振り子と同様,その挙動はカオスとなる.錘が 1 つだけの単純な構造なので,2 重振り子よりも解析は容易である.$k = 160.0$, $g = 9.8$.初期値は $x_0 = 0.8$, $v_0 = 0$, $\theta_0 = \pi/2 = 90°$, $\omega_0 = 0$.

3-3 天体のカオス

3-3-1 単純化された 3 体問題

ポアンカレが提起した **3 体問題**も保存系において生成するカオスのよく知られた例である.ここではカオスの創始者,エドワード・ローレンツによって紹介された単純化されたモデルによる 3 体問題のシミュレーションを行う[2].この力学系は質量の異なる 3 個の物体からなり,次のような条件が課せられている.

(1) 最も質量の小さい物体は十分に軽く,他の 2 つの物体に影響を与え

ない．連星系にたとえれば，この物体は惑星に相当する．

(2) 質量が大きいほうの2つの物体は互いに重心の回りを円運動する．これらは連星系の2つの恒星または太陽に相当する．

(3) 3つの物体は平面上に存在する．

　初期状態における惑星の位置がどちらかの太陽に近ければ，惑星は一方の太陽に束縛されて，その周りを回り続ける．しかし，初期状態において惑星の位置を2つの太陽の引力が釣り合う付近に置くと，惑星は2つの太陽に交互に引き寄せられながら，カオス的運動を繰り広げる．なおローレンツの書物では2個の惑星と1個の衛星となっているが，2個の太陽と1個の惑星と言い換えても，中味は変わらないだろう．

　以上のような仮定を設けた上で以下の解析を行う．まず，重い太陽と軽い太陽の質量を m_1, m_2, 2つの太陽の間の距離を r_{12} とし，$m_1 + m_2 = 1$, $r_{12} = 1$, 重力定数が1となるように適当に単位を選ぶ．空間に固定した座標系における重い太陽と軽い太陽の位置を (x_1, y_1), (x_2, y_2), 両者の x 座標，y 座標の差を x_{12}, y_{12} とすると，2つの太陽の回転の中心，すなわち重心からの距離はそれぞれ m_2, m_1 なので，

$$x_{12} = x_2 - x_1 = \cos t, \quad y_{12} = y_2 - y_1 = \sin t,$$
$$x_1 = -m_2 \cos t, \quad y_1 = -m_2 \sin t, \qquad (3\text{-}22)$$
$$x_2 = m_1 \cos t, \quad y_2 = m_1 \sin t.$$

さらに惑星の位置を (x, y), 2つの太陽からの距離を r_1, r_2 とすると，

$$r_1 = \sqrt{(x-x_1)^2 + (y-y_1)^2}, \quad r_2 = \sqrt{(x-x_2)^2 + (y-y_2)^2}. \qquad (3\text{-}23)$$

以上により，惑星の運動を支配する方程式は次のようになる．

$$\frac{d^2 x}{dt^2} = -m_1 \frac{x - x_1}{r_1^3} - m_2 \frac{x - x_2}{r_2^3},$$
$$\frac{d^2 y}{dt^2} = -m_1 \frac{y - y_1}{r_1^3} - m_2 \frac{y - y_2}{r_2^3}. \qquad (3\text{-}24)$$

次に2つの太陽の重心を原点とし，2つの太陽を結ぶ直線を X 軸とする XY 回転座標系を設置する．

$$\begin{pmatrix} X \\ Y \end{pmatrix} = \begin{pmatrix} \cos t & \sin t \\ -\sin t & \cos t \end{pmatrix} \begin{pmatrix} x \\ y \end{pmatrix}. \tag{3-25}$$

(3-25) を逆変換した

$$\begin{pmatrix} x \\ y \end{pmatrix} = \begin{pmatrix} \cos t & -\sin t \\ \sin t & \cos t \end{pmatrix} \begin{pmatrix} X \\ Y \end{pmatrix}. \tag{3-26}$$

を t について2回微分すると，

$$\frac{d^2x}{dt^2} = \frac{d^2X}{dt^2}\cos t - 2\frac{dX}{dt}\sin t - X\cos t - \frac{d^2Y}{dt^2}\sin t - 2\frac{dY}{dt}\cos t + Y\sin t,$$

$$\frac{d^2y}{dt^2} = \frac{d^2X}{dt^2}\sin t + 2\frac{dX}{dt}\cos t - X\sin t + \frac{d^2Y}{dt^2}\cos t - 2\frac{dY}{dt}\sin t - Y\cos t.$$

$$\tag{3-27}$$

さらに (3-24) と (3-27) の両辺に $\cos t$ または $\sin t$ を掛けた式，および (3-22) を用いて，$\dfrac{d^2x}{dt^2}\cos t + \dfrac{d^2y}{dt^2}\sin t$，$-\dfrac{d^2x}{dt^2}\sin t + \dfrac{d^2y}{dt^2}\cos t$ を計算すると，次のような XY 座標系で表した惑星の運動方程式を求めることができる．

$$\begin{aligned}
\frac{d^2X}{dt^2} - X - 2\frac{dY}{dt} &= -m_1\frac{X+m_2}{r_1^3} - m_2\frac{X-m_1}{r_2^3}, \\
\frac{d^2Y}{dt^2} - Y + 2\frac{dX}{dt} &= -m_1\frac{Y}{r_1^3} - m_2\frac{Y}{r_2^3}.
\end{aligned} \tag{3-28}$$

そして，(X, Y) を改めて (x, y) に書き直せば，最終的に次の4つの式を得る．

$$\frac{dx}{dt} = u,$$

$$\frac{dy}{dt} = v,$$

$$\frac{du}{dt} = x + 2v - m_1 \frac{x}{r_1^3} - m_2 \frac{x}{r_2^3} - \frac{m_1 m_2}{r_1^3} + \frac{m_1 m_2}{r_2^3},$$

$$\frac{dv}{dt} = y - 2u - m_1 \frac{y}{r_1^3} - m_2 \frac{y}{r_2^3}.$$

(3-29)

ここで r_1, r_2 は惑星の2つの太陽からの距離

$$r_1 = \sqrt{(x+m_2)^2 + y^2}, \quad r_2 = \sqrt{(x-m_1)^2 + y^2}. \quad (3\text{-}30)$$

である．(3-29) 式に従うと，惑星の軌道は図3-4のようになる．

　この章で行った (3-18) や (3-29) を求める計算はかなり煩雑であるが，ただ式を眼で追っただけで終わらせてしまうのではなく，一度は労を厭わずに紙とボールペンを使って計算することが大切である．

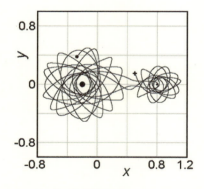

図3-4 単純化された3体問題 (3-29) によるカオス．回転座標系の x 軸 ($y=0$) 上にある左側の黒く塗りつぶした大きい円と右側の小さい円は動かない太陽の位置を表す．第3の惑星は2つの太陽による重力場の中をカオス的に動き回る．多少，大きめに描かれているが，左側の重い太陽の上部にある塗りつぶした円が動き回っている惑星で，＋は初期状態 $t=0$ での位置を表す．$m_1 = 0.8$, $m_2 = 0.2$．初期値は $x_0 = 0.5$, $y_0 = 0.15$, $u_0 = 0$, $v_0 = 0$．

3-3-2 エノン - ハイレス系

最後の例は銀河の中心部における星の運動を描写する**エノン - ハイレス**（Henon-Heiles）**系**のカオスで，次の 4 次元力学系による．

$$\frac{dx}{dt} = u,$$
$$\frac{dy}{dt} = v,$$
$$\frac{du}{dt} = -x + 2xy, \qquad (3\text{-}31)$$
$$\frac{dv}{dt} = -y - x^2 + y^2.$$

ただし，この系には運動エネルギーと位置エネルギーの和，すなわち**ハミルトニアン**（Hamiltonian）

$$H = \frac{1}{2}(u^2 + v^2) + \frac{1}{2}(x^2 + y^2) + x^2 y - \frac{1}{3}y^3. \qquad (3\text{-}32)$$

が一定という条件が付く．

図 3-5 (a) は $H = 1/8$ のときのカオス軌道，(b) はそのときの $x = 0$ におけるポアンカレ写像である．(b) では境界を示す曲線

$$v = \pm\sqrt{2H - y^2 + \frac{2}{3}y^3}. \qquad (3\text{-}33)$$

も実線によって描かれている．

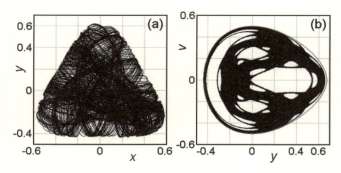

図 3-5 エノン-ハイレス系 (3-31) によるカオス. (a) は軌道, (b) は $x = 0$ でのポアンカレ写像を表す. (a) と (b) で横軸,縦軸の選び方が異なることに注意. $H = 0.125$. 初期値は $x_0 = 0.5$, $y_0 = 0$, $u_0 = 0$, $v_0 = 0$.

第3章の参考文献

(1) 長島弘幸,馬場良和 (1992) カオス入門 — 現象の解析と数理 —. 培風館.
(2) ローレンツ, E.N. 杉山勝,杉山智子訳 (1997) カオスのエッセンス. 共立出版. 原著:Lorenz, E.N. (1993) The Essence of Chaos. University of Washington Press, Seattle.

第4章
反応・拡散方程式による時空間カオス

第4章のキーワード：
時空間カオス，周期的境界条件，ゼロ-フラックス境界条件，チューリングパターン，パッチネス，反応・拡散方程式，反応・対流・拡散方程式，BZ反応，偏微分方程式，ルンゲ＝クッタ法．

4-1 反応・拡散方程式
4-2 対流と拡散のメカニズム
4-3 対流と拡散によるパターン形成
   4-3-1 拡散による時空間カオス
   4-3-2 対流と拡散による帯状パターン
   4-3-3 チューリングパターン
4-4 自然界で見られる種々のパターン
   4-4-1 植物プランクトンによるパッチネス
   4-4-2 植生パターン
4-5 第4章の補遺……偏微分方程式の差分化
   4-5-1 ルンゲ＝クッタ法（連立偏微分方程式）
   4-5-2 ゼロ-フラックス境界条件と初期条件
   4-5-3 周期的境界条件と初期条件
   4-5-4 乱数による初期条件

4-1 反応・拡散方程式

　これまで扱ってきた連続力学系は変数を時間のみの関数とする常微分方程式系であった．数理生態学の世界において，これは植物プランクトンや動物プランクトンの個体数，生物量といった変数が空間的に均一に分布していることを前提とした**平均値モデル**（Mean-field Model）である．しかし，実際の生態系において，そのような前提はあまり現実的ではない．分布が不均一で，しかもそれが時間的に変動しているというのが通常の状態だからである．このような事情を考慮すると，次のような座標に関する2階微分，つまり $\partial^2 u/\partial x^2$, $\partial^2 u/\partial y^2$ などを含む数理モデルを扱う必要が出てくる．このような拡散項を含む偏微分方程式による連続力学系を**反応・拡散方程式**（Reaction-Diffusion Equation）と呼ぶ．

$$\begin{aligned}
\frac{\partial u}{\partial t} &= D_u\left(\frac{\partial^2 u}{\partial x^2}+\frac{\partial^2 u}{\partial y^2}\right)+f(u,v), \\
\frac{\partial v}{\partial t} &= D_v\left(\frac{\partial^2 v}{\partial x^2}+\frac{\partial^2 v}{\partial y^2}\right)+g(u,v).
\end{aligned} \quad (4\text{-}1)$$

　このモデルは位置に関する変数が x, y の2つであることから分かるように，平面上だけでの2次元的な分布を考えており，深さ方向への不均一性を考慮していない．性能上の制約から，通常の家庭用パソコンで3次元の反応・拡散方程式を扱うことには多大な困難が伴う．しかし，簡略化された2次元モデルならば余裕をもって扱うことができるし，それでも十分に拡散によるダイナミックな分布の変動とパターン形成を再現することができる．位置に関する2階の偏微分に付いた2つの係数 D_u, D_v は**拡散係数**（Diffusion Coefficient）と呼ばれる．

　まず，上記の式で使われている2個の拡散係数を無次元化しておく．

長さの単位に $x \to \sqrt{D_u}x,\ y \to \sqrt{D_u}y$ という変数変換を加え，さらに拡散係数に比を $d = D_v/D_u$ と置く．すると，

$$\frac{\partial u}{\partial t} = \frac{\partial^2 u}{\partial x^2} + \frac{\partial^2 u}{\partial y^2} + f(u,v),$$
$$\frac{\partial v}{\partial t} = d\left(\frac{\partial^2 v}{\partial x^2} + \frac{\partial^2 v}{\partial y^2}\right) + g(u,v). \tag{4-2}$$

となり，片方の拡散係数を 1 としても一般性を失うことはない．

反応・拡散方程式が対流項，すなわち $\partial u/\partial x$ などの座標に関する 1 階微分も含むときは，特に**反応・対流・拡散方程式**（Reaction-Advection-Diffusion Equation）と呼ばれる．通常の 3 次元ベクトル解析によれば，微分演算の記述には

$$\nabla = \left(\frac{\partial}{\partial x},\ \frac{\partial}{\partial y},\ \frac{\partial}{\partial z}\right),\quad \nabla^2 = \frac{\partial^2}{\partial x^2} + \frac{\partial^2}{\partial y^2} + \frac{\partial^2}{\partial z^2}. \tag{4-3}$$

などのラプラス演算子が使われる．例えば，3 次元空間での反応・対流・拡散方程式の場合，これらの記号を使えば，対流を表すベクトル場を $\boldsymbol{s} = (s_x, s_y, s_z)$ として，次のように略記することができる．

$$\frac{\partial u}{\partial t} = \nabla^2 u - \boldsymbol{s}\cdot(\nabla u) + f(u,v),$$
$$\frac{\partial v}{\partial t} = \nabla^2 v - \boldsymbol{s}\cdot(\nabla v) + g(u,v). \tag{4-4}$$

各方程式の右辺第 1 項が拡散項，内積・によって表されたマイナスの第 2 項が対流項で，後者は各成分 u, v が水の動きによって物理的に運ばれていく様子を表している．対流項がマイナスであることに注意してほしい．

4-2　対流と拡散のメカニズム

反応・拡散方程式または反応・対流・拡散方程式が表す分布の移動，

拡散といった基本的な現象について，最も単純な1次元モデルを用いて具体的にメカニズムを確認しておこう．生物の個体数または生物量などを表す変数 u を位置 x および時間 t の関数とする．
$$u = u(x, t). \tag{4-5}$$
　はじめに対流による移動であるが，流れの中に置かれた物質や生物は，特にそれに抵抗しようとしなければ，流れによって自然に運ばれていく．そのことを表現したのが次の1階偏微分方程式 (4-6) で，定数 s は x のプラス方向への流れの速さを表す．
$$\frac{\partial u}{\partial t} = -s\frac{\partial u}{\partial x}. \tag{4-6}$$
　具体的に初期分布が次のガウス分布関数によって表されるとしよう．
$$u(x, 0) = \exp\{-(x/a)^2\}. \tag{4-7}$$
図 4-1 (a) にそのときの u の値が時間変化する様子を示す．例えば，右辺の 1 次偏導関数がプラスの場合，その部分で分布は右上がりになっており，分布がプラス方向（右方向）に移動するにつれて，その場所での u の値は減少する．反対に 1 次偏導関数がマイナスの場合，分布は右下がりで，プラス方向への移動につれて u は増加する．これが偏微分方程式 (4-6) の定性的な解釈である．
　一方で密度が不均質な分布による拡散は次の2階偏微分方程式 (4-8) によって記述される．
$$\frac{\partial u}{\partial t} = d\frac{\partial^2 u}{\partial x^2}. \tag{4-8}$$
ある位置 x における u の時間変化は x に関する 2 次偏導関数に比例するというのが偏微分方程式 (4-8) の意味するところで，比例定数 d は拡散係数である．そのときの u の時間変化の様子が図 4-1 (b) に示されている．$x = 0$ 付近のように分布が上に凸，つまり 2 次偏導関数がマイナスの部分では，時間経過につれて拡散によって分布数が減っていき，反対に周囲の裾野のように分布が下に凸，つまり 2 次偏導関数がプラ

スの部分では，周囲からの流入によって分布数が増えていく．そして，最終的に均一分布に到達する．(4-8) は不均一な分布が均一になろうとするのは自然界の普遍的な傾向であるという前提に基づき，そのことを表現した偏微分方程式と言うことができるだろう．

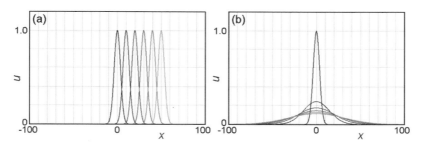

図 4-1 偏微分方程式 (4-6) または (4-8) によるガウス分布関数の移動 (a) と拡散 (b)．一定の速さの流れに乗って生物個体数の分布が移動する様子は 1 次偏導関数を含む反応・対流・拡散方程式によって表すことができる．(a) は偏微分方程式 (4-6) によるガウス分布関数の移動の様子である．一方，生物個体数の分布が拡散する様子は 2 次偏導関数を含む反応・拡散方程式によって表すことができる．偏微分方程式 (4-8) は偏った分布が均一になろうとする自然界の一般的傾向を表すと考えられ，(b) はその傾向に従った拡散を表している．いずれも中央のピーク値 1 の黒いガウス分布関数が初期状態 (4-7) で，時間経過につれて，分布が濃度を変えながら灰色に変化する． $a = 5.0,\ s = 1.0,\ d = 1.0$.

4-3 対流と拡散によるパターン形成

4-3-1 拡散による時空間カオス

化学の世界では以前からユニークなパターンを生成する化学反応のことが知られていた．BZ（Belousov-Zhabotinsky）**反応**と呼ばれる化学反

応では，マロン酸，臭素酸カリウム，臭化カリウムを含む硫酸酸性の水溶液に触媒としてオルト・フェナントロリン鉄 (II) 錯体（フェロイン）を加えると周期的，カオス的振動が発生し，渦巻き（Spiral）や同心円（Target）状のパターンが生成する．そして，これらのパターンは反応・拡散方程式によって的確に再現できることも知られている[1]．

　BZ反応の研究で多用されたという経緯からも分かるように，反応・拡散方程式が最も威力を発揮するのはパターン形成の分野においてである．生態学的数理モデルが生成するパターンにはBZ反応特有の渦巻き，同心円といった規則正しいものから，全く不規則な斑状のものまであり，その種類は多様である．

　どのような条件でどんなパターンが生まれるかといった因果関係については，まだ十分に解明されているとは言えない．渦巻き模様を形成したあと，それが崩壊して不規則な斑状パターンを生じるというのが一般的な傾向のようにも思えるが，それもモデル自体の構造や初期条件による．いずれにしても強い初期条件依存性，パラメータ依存性があることは確かで，そのことから最終的に生じると思われる不規則なパターンは**時空間カオス**（Spatiotemporal Chaos）と呼ばれる．時空間カオスは拡散が引き起こす不安定性により，拡散係数が等しい2変数の系でも生成する．これが3変数以上の系でしか生成しない常微分方程式系の時間的カオスとの相違点である．

　次の (4-9) は u として植物プランクトン，v として動物プランクトンなどを想定し，捕食・被食関係にホリングIII型の関数応答を適用した数理モデルで，拡散係数は u, v とも1としてある．拡散項を外した常微分方程式系の平均値モデルは広範囲のパラメータ領域で安定したリミットサイクルを生成する．

$$\frac{\partial u}{\partial t} = \frac{\partial^2 u}{\partial x^2} + \frac{\partial^2 u}{\partial y^2} + u(1-u) - \frac{u^2}{h^2+u^2}v,$$
$$\frac{\partial v}{\partial t} = \frac{\partial^2 v}{\partial x^2} + \frac{\partial^2 v}{\partial y^2} + r\frac{u^2}{h^2+u^2}v - mv. \tag{4-9}$$

図 4-2 は数理モデル (4-9) によるパターン形成のプロセスを示している．渦巻き模様から不規則な斑状パターンへという典型的な時空間カ

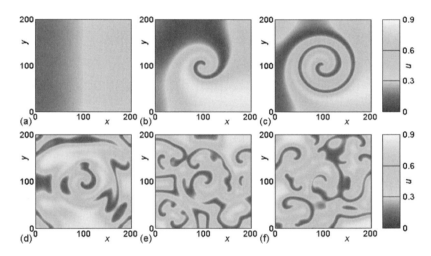

図 4-2 反応・拡散方程式 (4-9) による時空間カオス．反応・拡散方程式を生態系モデルに適用すると，時間的，空間的に変化する興味深いパターンを描くことができる．これは植物プランクトンの生物量 u の空間分布が時間変化する様子を再現した図で，渦巻きが成長した後に崩壊して不規則な斑状パターンに移行する典型的な例である．このとき最終的に生じる不規則パターンは時空間カオスと呼ばれる．初期条件に特別な細工を施すことなく，ごく単純な変化を与えるだけでこのように不規則なパターンが生じるという点に注意する必要がある．x 軸，y 軸方向の目盛りはピクセル数を表す．初期条件と境界条件の設定については 4-5-2 節で説明するが，(4-21) 式の初期条件において，$k = 0.5$ としている．$r = 3.6$, $m = 3.24$, $h = 0.1$, $d = 1.0$．(a) $t = 0$, (b) $t = 80$, (c) $t = 160$, (d) $t = 320$, (e) $t = 480$, (f) $t = 640$．

オス生成の様子を観察することができる．x 軸，y 軸方向の数値，および時間は相対的なもので，絶対的な意味はない．

数理モデル (4-9) において，捕食・被食関係にホリング II 型の関数応答を用いたモデルによるパターン形成はメドヴィンスキー (Medvinsky) 等によって詳しく研究されている[2]．その常微分方程式系は第 1 章，第 2 章で紹介したシェファーの最小 2 成分モデルに他ならない[3]．

4-3-2 対流と拡散による帯状パターン

植物プランクトン u が x 軸のプラス方向からマイナス方向に向かう大域的な流れに乗って移動する場合の数理モデルは次式によって与えられる．

$$\begin{aligned}
\frac{\partial u}{\partial t} &= s\frac{\partial u}{\partial x} + u(1-u) - \frac{u^2}{h^2+u^2}v, \\
\frac{\partial v}{\partial t} &= \frac{\partial^2 v}{\partial x^2} + \frac{\partial^2 v}{\partial y^2} + r\frac{u^2}{h^2+u^2}v - mv.
\end{aligned} \qquad (4\text{-}10)$$

s は流れの速度を表し，第 1 式において，(4-9) の拡散項が 1 次微分に速度を掛けた対流項によって置き換えられている．つまり，植物プランクトンについて，拡散は対流に比べて無視できると仮定している．流れがマイナス方向に向かうので，対流項の符号はプラスである．このモデルでは動物プランクトンは流れの影響を受けないことになっている．こうした反応・対流・拡散方程式では，図 4-3 のように流れに垂直な方向に帯状のパターンが現れる．

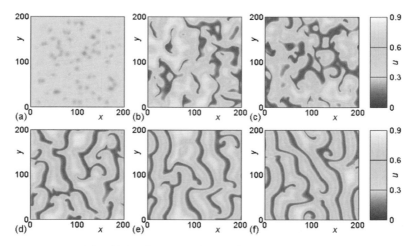

図 4-3 反応・対流・拡散方程式 (4-10) による帯状パターン．これは x 軸のプラスからマイナス方向に一定速度 s の流れが存在する状況を想定した反応・対流・拡散方程式において，変数 u の分布パターンが変化する様子を描いている．流れに対して垂直な方向に特徴的な帯状構造が現れる．初期条件と境界条件の設定については 4-5-3 節，4-5-4 節に説明がある．$r = 4.0$, $m = 3.6$, $h = 0.1$, $s = 0.9$. (a) $t = 0$, (b) $t = 80$, (c) $t = 160$, (d) $t = 320$, (e) $t = 480$, (f) $t = 640$.

4-3-3 チューリングパターン

次の常微分方程式 (4-11) は前章で扱った栄養塩，植物プランクトン，動物プランクトンによる 3 層 3 成分の力学系 (2-22) から，栄養塩と植物プランクトンとの関係だけを取り出したような 2 層 2 成分のモデルである．ただし，関数応答の部分にはいくつかの変更が加えられている．変数 u は栄養塩の重量を，v は植物プランクトンの生物量を表す．

$$\begin{aligned}\frac{du}{dt} &= a - \frac{u}{h_0 + u} v, \\ \frac{dv}{dt} &= r \frac{u}{h_0 + u} v - m \frac{v^2}{h_1^2 + v^2}.\end{aligned} \quad (4\text{-}11)$$

パラメータについて，a は環境からの栄養塩流入率，r は植物プランクトンの成長率，m は植物プランクトンの減少率，そして h_0 と h_1 はそれぞれ栄養塩と植物プランクトンに関する半飽和定数である．植物プランクトンによる栄養塩の摂取はホリングII型の関数応答によって定式化され，さらに暗黙に仮定された動物プランクトンによる植物プランクトンの捕食がホリングIII型の関数応答による非動的項としてモデルに組み込まれている．数理モデル (4-11) では適当なパラメータ値を与えると，変数がプラスの範囲で1個の不安定固定点が生成し，その周りにリミットサイクルが周回する．

常微分方程式による数理モデル (4-11) に拡散項を追加して反応・拡散系に移行すると，次の (4-12) 式を得る．

$$\frac{\partial u}{\partial t} = \frac{\partial^2 u}{\partial x^2} + \frac{\partial^2 u}{\partial y^2} + a - \frac{u}{h_0 + u}v,$$
$$\frac{\partial v}{\partial t} = d\left(\frac{\partial^2 v}{\partial x^2} + \frac{\partial^2 v}{\partial y^2}\right) + r\frac{u}{h_0 + u}v - m\frac{v^2}{h_1^2 + v^2}. \quad (4\text{-}12)$$

ここで栄養塩のほうが植物プランクトンより速く拡散すると仮定し，相対的拡散係数の値を $d = 0.1$ としてみよう．こうして植物プランクト

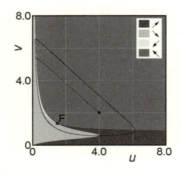

図4-4 2変数湖沼生態系モデル (4-11) によるリミットサイクル．×で示された F は固定点を表す．$a = 0.8$, $r = 1.0$, $m = 0.96$, $h_0 = 1.0$, $h_0 = 0.6$.

ン v の分布変化をシミュレーションしたのが図 4-5 である．一見して，図 4-2 や図 4-3 と異なる印象を受けるだろう．ゆったりした斑模様は細いはっきりした輪郭の縞模様に変わっている．しかし，最大の相違点は (e) と (f) を観察するとよく分かる．2 つの図にほとんど変化が見られないのである．力学系 (4-12) が生成する最終的なパターンは時間的に変化せず，一定の分布で固定化する．このタイプのパターンは発見者に因んで**チューリング** (Turing) **パターン**と呼ばれ，シマウマのような陸上動物や熱帯魚の縞模様がチューリングパターンのメカニズムによって形成されることが知られている．

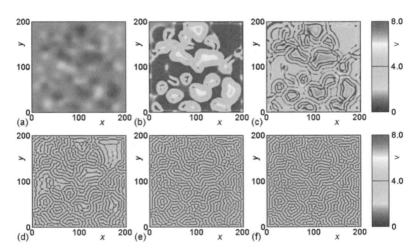

図 4-5 反応・拡散方程式 (4-12) によるチューリングパターン．この図は植物プランクトン v の分布を表す．チューリングパターンは拡散係数が異なる反応・拡散系において生成される．図 4-2 や図 4-3 と異なり，この力学系が生成する最終的なパターンは時間的に変化しない．これがチューリングパターンの最大の特徴で，シマウマや熱帯魚に見られる縞模様はこのメカニズムによって説明される．初期条件と境界条件の設定については 4-5-3 節, 4-5-4 節に説明がある．$a = 0.8$, $r = 1.0$, $m = 0.96$, $h_0 = 1.0$, $h_0 = 0.6$, $d = 0.1$. (a) $t = 0$, (b) $t = 30$, (c) $t = 60$, (d) $t = 120$, (e) $t = 180$, (f) $t = 240$.

4-4　自然界で見られる種々のパターン

4-4-1　植物プランクトンによるパッチネス

　この章では動物プランクトン，植物プランクトン間の捕食・被食関係を想定した数理モデルを反応・拡散方程式または反応・対流・拡散方程式によってシミュレーションすると，植物プランクトンの分布に斑状や帯状のカオス的パターンが生まれることを見てきた．では現実世界ではどうなのだろうか．実際にこのようなパターンが存在するのだろうか．

　次の写真（図 4-6）は黒海に現れた**パッチネス**（Patchiness）と呼ばれる植物プランクトンの渦巻き状分布パターンで，ドナウ川からの富栄養水流入が主な原因とされている．図 4-2 との類似性については微妙で

図 4-6　黒海で観測された植物プランクトンによるパッチネス（出典：NASA Goddard Space Flight Center）．

あるが,最終的な判断は読者に委ねたい.ただし,リミットサイクルといった難しいメカニズムを仮定せず,単に植物プランクトンの有限な寿命と海水の渦流を考慮したシミュレーションによっても同様のパターンを再現できるというシミュレーション結果もある[4].

4-4-2 植生パターン

特にモデル構築の対象としたわけではないが,プランクトンの世界に限らず,植生の分野でもこれまでに数多くの興味深い分布パターンが報告されており,その形もスケールも様々である[5].ここではその中から3つの例を紹介しておく(図4-7).

最初の(a)はイスラエルの半乾燥地域において観測される多年草 *Paspalum vaginatum* の分布パターンである[6].場所はネゲブ(Negev)砂漠北部,人口居住地域の近くで,平均の年間降水量は約200mmである.スポットや帯の間隔は15cmくらいで,降水量が増えるにつれて裸地からスポット,帯状の迷路,植生の中に裸地が点在する逆スポット,そして,全面的な被覆へ植生パターンが変化すると考えられている.

次は北アメリカ大陸やユーラシア大陸の平坦な湿地に見られる迷路状の植生パターンである[5].(b)の写真は北緯57°〜59°,東経76°〜83°の西シベリアにあるヴァシュガン(Vasyugan)湿地において撮影された維管束植物が形成する迷路状パターンで,この地域は今から約11,000年前に永久凍土の状態が終わり,約10,500年前から泥炭の堆積が始まったと考えられている.論文の筆者たちはパターン形成の原因を地表水による栄養分の水平方向への移送によるとし,栄養分がより維管束植物が密生している場所に運ばれると仮定すれば,均質な平衡状態からでも,自己組織化によって不均質な迷路状パターンが生成すると主張し

ている．

　以上の2つは等方的なパターンであるが，異方的なパターンについての報告もある．日本では長野県の縞枯山が有名であるが，傾斜地において，斜面に垂直に等高線状に分布する帯状の植生パターンがしばしば観測されている．世界的によく知られているのはアフリカのニジェールにおける帯状植生パターン *brousse tigrée* である[7]．(c)がその写真で，この帯状パターンは北緯13°〜15°の傾斜が0.3°より緩い高地に存在し，その地域の平均年間降水量は南から北へ向かって750mmから400mmへと急激に減少する．*brousse tigrée* は大きく裸地帯と植生帯と分かれ，両方を合わせた幅は74mほどである．裸地帯は表面流水による景観によって2つの帯に，植生帯も植生の種類によってさらに3つの小植生帯に分かれる．同論文によれば，他の地域の同様な植生パターンでは帯が年間0.75m程度の速さで上方へ移動したという興味深い報告もある．

　　　　(a)　　　　　　　　(b)　　　　　　　　(c)

図 4-7　自然界で観察される植生パターン．(a)はイスラエルの多年草 *Paspalum vaginatum* による迷路状パターン[5,6]，(b)は西シベリアの維管束植物による迷路状パターン[5]，(c)は西アフリカ，ニジェールの低潅木による帯状パターン *brousse tigrée*[5,7]．写真の底辺のサイズは左から順に約1m, 100m, 200m．3枚の写真は著者，Rietkerk氏の許可を得て，参考文献(5)から転載．

全体的に見ると，図 4-7 のほうが図 4-6 よりも図 4-2 や図 4-3 の再現パターンに似ているという印象を受ける．だとしたら，(4-9) や (4-10) の数理モデルが植生分布のシミュレーションに適用できる可能性を示唆している．

4-5　第 4 章の補遺 …… 偏微分方程式の差分化

4-5-1　ルンゲ = クッタ法（連立偏微分方程式）

第 1 章の常微分方程式における変数は時間のみの関数で，これは u, v などが位置に依存しない場合を想定している．しかし，これだと空間的な分布の不均一性を考慮した拡散のような現象を扱うことができない．そうするためには常微分方程式のルンゲ = クッタ法を偏微分方程式に拡張する必要がある．

一般にルンゲ = クッタ法を偏微分方程式に適用すると，かなり煩雑な計算が要求される．ここでは 2 次元平面上における拡散を想定し，2 つの変数 u, v が時間 t と位置に関する座標 x, y の関数として表されている場合を考える．このとき $u(x, y, t), v(x, y, t)$ の拡散による時間変化は x, y に関する 2 次導関数まで含む偏微分方程式 (4-13) によって記述される．

$$\frac{\partial u}{\partial t} = f\left(u, \frac{\partial u}{\partial x}, \frac{\partial u}{\partial y}, \frac{\partial^2 u}{\partial x^2}, \frac{\partial^2 u}{\partial y^2}, v, \frac{\partial v}{\partial x}, \frac{\partial v}{\partial y}, \frac{\partial^2 v}{\partial x^2}, \frac{\partial^2 v}{\partial y^2}\right),$$
$$\frac{\partial v}{\partial t} = g\left(u, \frac{\partial u}{\partial x}, \frac{\partial u}{\partial y}, \frac{\partial^2 u}{\partial x^2}, \frac{\partial^2 u}{\partial y^2}, v, \frac{\partial v}{\partial x}, \frac{\partial v}{\partial y}, \frac{\partial^2 v}{\partial x^2}, \frac{\partial^2 v}{\partial y^2}\right).$$
(4-13)

ここで (4-13) の右辺に含まれる 10 個の変数は互いに独立ではないということに注意を喚起しておきたい．例えば，u の 1 次導関数 $\partial u/\partial x$, $\partial u/\partial y$ および 2 次導関数 $\partial^2 u/\partial x^2$, $\partial^2 u/\partial y^2$ は次のようにして u の値から導か

れる.

　シミュレーションに用いる正方形領域は $(N+1)\times(N+1)$ 個のピクセルから成り，各ピクセル横方向，縦方向にそれぞれ 0 から N までの座標値を割り当てる（図 4-8）．その中の座標 (i,j) のピクセルに注目し，そこにおける値を $u_{i,j}$ とすると，1 次導関数の値は両隣の値を使い，

$$\left(\frac{\partial u}{\partial x}\right)_{i,j}=\frac{u_{i+1,j}-u_{i-1,j}}{2d},\ \left(\frac{\partial u}{\partial y}\right)_{i,j}=\frac{u_{i,j+1}-u_{i,j-1}}{2d}. \tag{4-14}$$

によって，さらに 2 次導関数も

$$\left(\frac{\partial^2 u}{\partial x^2}\right)_{i,j}=\frac{u_{i+1,j}+u_{i-1,j}-2u_{i,j}}{d^2},\ \left(\frac{\partial^2 u}{\partial y^2}\right)_{i,j}=\frac{u_{i,j+1}+u_{i,j-1}-2u_{i,j}}{d^2}. \tag{4-15}$$

によって求めことができる．ここで d は隣接するピクセル間の距離を表し，本書のようにシミュレーション領域が正方形の場合，x 軸方向，y 軸方向とも同じ値である．同様にして v に関する 1 次導関数 $(\partial v/\partial x)_{i,j}$，$(\partial v/\partial y)_{i,j}$ および 2 次導関数 $(\partial^2 v/\partial x^2)_{i,j}$, $(\partial^2 v/\partial y^2)_{i,j}$ も求めることができる．ただし，境界上のピクセルでは片側が欠落するために，境界条件によって値の取得方法が異なる．

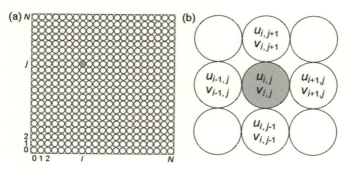

図 4-8 シミュレーション領域．シミュレーション領域は $(N+1)\times(N+1)$ 個のピクセルから成り，座標 (i,j) のピクセルにおける変数の値を $u_{i,j}$, $v_{i,j}$ で表す．図 4-2，図 4-3，図 4-5 では $N=200$.

以上のことを考慮すると，結局のところルンゲ＝クッタ法による偏微分方程式の近似とは，時刻 $t=n$ における

$$(u_n)_{i,j}, (v_n)_{i,j} \quad (i=0,1,2,\cdots,N, j=0,1,2,\cdots,N). \qquad (4\text{-}16)$$

の値を既知として，次の時刻 $t=n+1$ における

$$(u_{n+1})_{i,j}, (v_{n+1})_{i,j} \quad (i=0,1,2,\cdots,N, j=0,1,2,\cdots,N). \qquad (4\text{-}17)$$

を求める離散系の問題に帰着する．そして，この途中に上記の u, v に関する1次，2次の導関数を求める作業が必要になる．

もう少し具体的に手順を説明する．まず(4-16)の値を使い，(4-14)，(4-15)などの式により u_n, v_n の x, y に関する合計8個の1次導関数および2次導関数を求め，それらの値を用いて f_1, g_1 を計算する．

$$f_1 = f\left(u_n, \frac{\partial u_n}{\partial x}, \frac{\partial u_n}{\partial y}, \frac{\partial^2 u_n}{\partial x^2}, \frac{\partial^2 u_n}{\partial y^2}, v_n, \frac{\partial v_n}{\partial x}, \frac{\partial v_n}{\partial y}, \frac{\partial^2 v_n}{\partial x^2}, \frac{\partial^2 v_n}{\partial y^2}\right),$$

$$g_1 = g\left(u_n, \frac{\partial u_n}{\partial x}, \frac{\partial u_n}{\partial y}, \frac{\partial^2 u_n}{\partial x^2}, \frac{\partial^2 u_n}{\partial y^2}, v_n, \frac{\partial v_n}{\partial x}, \frac{\partial v_n}{\partial y}, \frac{\partial^2 v_n}{\partial x^2}, \frac{\partial^2 v_n}{\partial y^2}\right). \qquad (4\text{-}18)$$

続いて $u_{n,1} = u_n + f_1 \Delta t/2$, $v_{n,1} = v_n + g_1 \Delta t/2$ の x, y に関する合計8個の1次導関数および2次導関数を求め，それらを用いて，次式により f_2, g_2 を求める．

$$f_2 = f\left(u_{n,1}, \frac{\partial u_{n,1}}{\partial x}, \frac{\partial u_{n,1}}{\partial y}, \frac{\partial^2 u_{n,1}}{\partial x^2}, \frac{\partial^2 u_{n,1}}{\partial y^2}, v_{n,1}, \frac{\partial v_{n,1}}{\partial x}, \frac{\partial v_{n,1}}{\partial y}, \frac{\partial^2 v_{n,1}}{\partial x^2}, \frac{\partial^2 v_{n,1}}{\partial y^2}\right),$$

$$g_2 = g\left(u_{n,1}, \frac{\partial u_{n,1}}{\partial x}, \frac{\partial u_{n,1}}{\partial y}, \frac{\partial^2 u_{n,1}}{\partial x^2}, \frac{\partial^2 u_{n,1}}{\partial y^2}, v_{n,1}, \frac{\partial v_{n,1}}{\partial x}, \frac{\partial v_{n,1}}{\partial y}, \frac{\partial^2 v_{n,1}}{\partial x^2}, \frac{\partial^2 v_{n,1}}{\partial y^2}\right). \qquad (4\text{-}19)$$

以下，同様に $u_{n,2} = u_n + f_2 \Delta t/2$, $v_{n,2} = v_n + g_2 \Delta t/2$，およびそれらの1次，2次導関数から f_3, g_3 を，$u_{n,3} = u_n + f_3 \Delta t$, $v_{n,3} = v_n + g_3 \Delta t$，およびそれらの1次，2次導関数から f_4, g_4 を求める．そして，最後に $f_1, g_1, f_2, g_2, f_3, g_3, f_4, g_4$ を

$$u_{n+1} = u_n + \frac{1}{6}(f_1 + 2f_2 + 2f_3 + f_4)\Delta t,$$
$$v_{n+1} = v_n + \frac{1}{6}(g_1 + 2g_2 + 2g_3 + g_4)\Delta t. \qquad (4\text{-}20)$$

に代入すれば，ルンゲ＝クッタ法による偏微分方程式の近似を行うことができる．

4-5-2　ゼロ-フラックス境界条件と初期条件

　反応・拡散方程式または反応・対流・拡散方程式によって渦巻きや斑状パッチネスなどのパターンを描くために必要な初期条件や境界条件について，2 変数 u, v の場合を例に述べる．当該の力学系には不安定な固定点 (u_0, v_0) が少なくとも 1 個は存在し，拡散項がなければ，その周りで u と v のリミットサイクルが形成されていることを前提とする．固定点が安定なアトラクタであると最終状態は均一分布になり，恒久的なパターンは生じない．パターン形成は決定論的なプロセスなので，初期条件における対称性は最後まで反映される．したがって，同心円のような回転対称のパターンを描きたかったら，初期条件も回転対称に設定しなければならない．

　初期状態のみならず，境界条件の扱い方も重要である．その理由は 4-5-1 節の (4-14)，(4-15) などにより 1 次および 2 次の導関数を求めるときに，境界においてはどちらか一方の値が欠落するからである．この問題を適切に処理しないと，境界からシミュレーションが乱れ始め，数値計算が発散して長時間のシミュレーションが困難になる．境界の影響を可能な限り低く抑えるために，本書ではゼロ-フラックス (Zero-flux) 境界条件，周期的境界条件の 2 種類が用いられている．

　変数が生物の個体数や物質の量を表す場合，**ゼロ-フラックス境界条件**は境界において生物や物質の出入りがないという状況を表している．

したがって，ゼロ-フラックス境界条件では境界における変数の変化量はつねに0である．特に流れによる対流項が存在しない場合，u, vのそれぞれについて，境界における1次導関数の値は常に0になる．

ゼロ-フラックス境界条件はu, vの値がマイナスにならないようにkを1以下の正の定数として，次のような初期条件とともに用いられる．

$$u(x, y, 0) = u_0 \left\{ 1 + k \sin \frac{\pi}{L} \left(x - \frac{L}{2} \right) \right\},$$
$$v(x, y, 0) = v_0 \left\{ 1 + k \sin \frac{\pi}{L} \left(y - \frac{L}{2} \right) \right\}. \tag{4-21}$$

ここでLは描画が行なわれる正方形領域の1辺の長さを表し，この章の図4-2，図4-3，図4-5では$L = 200$である．初期条件を(4-21)のようにすると，領域の中央$(L/2, L/2)$に位置するピクセルの値がそれぞれ$u = u_0$, $v = v_0$に設定され，同時にuはx軸方向に，vはy軸方向にsin関数によってそれぞれ単調増加する．したがって，初期分布ではuとvについて，中央のピクセルをはさんで，それぞれu_0, v_0より大きい値と小さい値が左右または上下に反対称に分配されることになる．そして，両成分の分布勾配は互いに垂直に交差する．ただし，u_0, v_0のどちらか，または両方が0の場合は，適当に工夫する必要がある．

(4-21)式の初期条件では領域の境界となる$x = 0$または$x = L$, $y = 0$または$y = L$において，$\partial u/\partial x$, $\partial u/\partial y$, $\partial v/\partial x$, $\partial v/\partial y$の値がすべて0になることに注意する必要がある．初期条件の設定でsin関数が用いられたのは境界における傾き，すなわち1次導関数の値を0にするためである．このような条件は流れが存在しないときのゼロ-フラックス境界条件と合致する．例えば，図4-2においてこのような初期条件と境界条件が用いられている．

全体として見れば，(4-21)式の初期条件にはいかなる対称性も存在し

ない．こうすると中央の固定点が「種子」になって，そこから非対称の興味深いパターンが成長していく．初期条件に特別な細工を施さなくても，ごく単純な変化を与えるだけで，図4-2のように不規則なパターンが生じるという点が重要である．

4-5-3 周期的境界条件と初期条件

ゼロ-フラックス境界条件と同様によく使われる境界条件が**周期的境界条件**である．これは該当する区画外でも区画内と同じ分布が周期的に繰り返されることを前提にした境界条件で，式で表すと次のようになる．

$$u_{i,j} = u_{i \pm N, j \pm N},\ v_{i,j} = v_{i \pm N, j \pm N} \quad (i=0,1,2,\cdots,N, j=0,1,2,\cdots,N) \tag{4-22}$$

一方で周期的境界条件とともに用いられる初期条件は次のように表される．ただし，$0 < k < 1$ である．

$$\begin{aligned} u(x,y,0) &= u_0 \left\{ 1 + k \sin \frac{2\pi}{L} \left(x - \frac{L}{2} \right) \right\}, \\ v(x,y,0) &= v_0 \left\{ 1 + k \sin \frac{2\pi}{L} \left(y - \frac{L}{2} \right) \right\}. \end{aligned} \tag{4-23}$$

先ほどの(4-21)との違いはsin関数の引数が2倍されていることにある．こうすると，境界 $x=0$ または $x=L$, $y=0$ または $y=L$ において，対応する $u, v, \partial u/\partial x, \partial u/\partial y, \partial v/\partial x, \partial v/\partial y$ の値が互いに一致し，初期条件自体が周期的になる．したがって，境界において，これらの値が連続かつ滑らかに設定される．

4-5-4 乱数による初期条件

初期条件の設定に乱数が用いられることもある．この場合，一方の

変数 u または v に変化を与える．そして，もう1つの変数には全領域で均一に不安定固定点の値 u_0 または v_0 を与える．均一でない変数の値も平均すれば固定点の値に等しくなるが，乱数によって分布にゆらぎを与えられる．こうして，ゆらぎを与えられた変数については，固定点をまたいでそれより大きい値と小さい値がランダムに分配され，全体として見れば，固定点の値 $u=u_0$ かつ $v=v_0$ を持つ「種子」が領域内に不均一に散りばめられることになる．乱数による初期条件はゼロ-フラックス境界条件，周期的境界条件のどちらとも併用される．

例えば，図4-3ではこのような初期条件が周期的境界条件とともに用いられている．このとき境界付近では変数 u の値には乱数によるゆらぎを与えず，凹凸が領域内部に集中するように配慮する必要がある．こうしないと，領域の境界において $u, v, \partial u/\partial x, \partial u/\partial y, \partial v/\partial x, \partial v/\partial y$ の値に不一致が生じる可能性が出てくる．すべてを一致させる，具体的にはすべて0にするためには境界付近に凹凸があってはならない．図4-3を注意深く観察すれば，x 軸，y 軸とも，領域の境界でパターンが連続していることが確認できるだろう．これが周期的境界条件によるパターンの特徴である．

一方，図4-5では乱数による初期条件がゼロ-フラックス境界条件とともに用いられている．このとき乱数によってゆらぎを与えられているのは変数 v のほうである．ゼロ-フラックス境界条件のときも凹凸が領域内部に集中するような配慮は必要である．

第 4 章の参考文献

(1) 三池秀俊，森義仁，山口智彦 (1997) 非平衡系の科学 III －反応・拡散系のダイナミクス．講談社サイエンティフィク．
(2) Medvinsky, A.B., Petrovskii, S.V., Tikhonova, I.A., Malchow, H., Li, B.-L. (2002) Spatiotemporal complexity of plankton and fish dynamics. SIAM Review, 44:311-370.
(3) Scheffer, M. (1991) Fish and nutrients interplay determines algal biomass: a minimal model. Oikos, 62:271-282.
(4) Serizawa, H., Amemiya, T., Itoh, K. (2010) Sufficient noise and turbulence can induce phytoplankton patchiness. Natural Science, 2:320-328.
(5) Rietkerk, M., Dekker, S.C., de Ruiter, P.C., van de Koppel, J. (2004) Self-organized patchiness and catastrophic shifts in ecosystems. Science, 305:1926-1929.
(6) von Hardenberg, J., Meron, E., Shachak, M., Zarmi, Y. (2001) Diversity of vegetation patterns and desertification. Physical Review Letters, 87:198101.
(7) Thiery, J.M., d'Herbes, J.-M., Valentin, C. (1995) A model simulating the genesis of banded vegetation patterns in Niger. Journal of Ecology, 83:497-507.

第5章
シンプルカオス

> 第5章のキーワード：
> 強制振動系，ジャパニーズアトラクタ，ジャーク関数，自励系，スプロットのカオス，双安定，ファン・デル・ポールの振動子，フラクタル，レスラーアトラクタ，ローレンツアトラクタ．

5-1　ローレンツアトラクタとレスラーアトラクタ
5-2　ジャーク関数
5-3　スプロットのカオス
　5-3-1　ストレンジアトラクタを生成する自励系
　5-3-2　カオスを生成する保存系
5-4　強制振動系
　5-4-1　ジャパニーズアトラクタ
　5-4-2　ストレンジアトラクタを生成する強制振動系
5-5　フラクタルな流域構造を持つ双安定な自励系
5-6　時空間カオス
　5-6-1　リミットサイクルを生成する自励系
　5-6-2　時空間カオスを生成する反応・拡散系
5-7　第5章の補遺……ルンゲ＝クッタ法
　　　　　　（時間を陽に含む連立常微分方程式）

5-1　ローレンツアトラクタとレスラーアトラクタ

　シンプルカオスというテーマには個人的な思い入れが深い．大発見だと思って期待に胸を膨らませていると，すでに10年以上も前に別な人が発見していたことが分かり落胆する．何度かそのような苦い経験をした．残念ながら大した成果を上げることはできなかったが，私が特に拘ったテーマなので，ここで独立した章として取り上げることにする．しかし，そのような個人的な理由を度外視しても，リミットサイクル，カオスといった非線形性に基づく現象を再現する最も単純な力学系の探索は純粋に数学的な観点から興味深いテーマと言うことができるだろう．なお，5-4-2節の力学系 (5-10) 以降は私のオリジナルな研究であるが，特に論文として公表したわけではない．したがって，本当に本章のテーマに該当する最もシンプルな力学系であるという保証はない．

　気象学者エドワード・ローレンツによって蝶の羽の形をしたストレンジアトラクタが発見されたのは1969年12月のことである．それからしばらくして，1975年，ドイツの化学者オットー・レスラーによって，

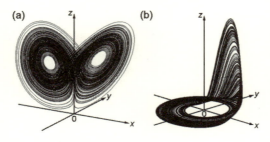

図 5-1　ローレンツアトラクタ (a) とレスラーアトラクタ (b)．2つはカオス研究の初期に発見された有名なストレンジアトラクタで，当初，これらは最も単純なカオス系であると考えられていた．

さらに単純なストレンジアトラクタが発見された．その後，長い間，ストレンジアトラクタを生成する最も単純な連続力学系はレスラーによって発見されたものと考えられてきた (図5-1)．

系の単純さを測る最も分かりやすい指標は項の次数と個数である．よく知られているカオス系について見ると，ローレンツ系は合計7つの項からなり，それらは2次の項2個，1次の項5個に分類される[1]．レスラー系も合計7つの項からなるが，2次の項は1個だけで，残りは1次の項5個と定数項1個である[2]．2つの系の項の種類と数を比較すれば，レスラー系のほうがローレンツ系よりも単純であると考えるのが妥当だろう．

固定点の数も力学系の単純さを測る指標の1つと考えられる．例えば，ローレンツ系は3個，レスラー系は2個の固定点を持つ．この比較からも，レスラー系のほうがローレンツ系よりも単純であるという根拠が得られる．

カオス理論によれば，ストレンジアトラクタの生成において，サドルとなる不安定固定点の役割が重要である．サドルは位相空間内の軌道をある方向から引き寄せると同時に別な方向に跳ね飛ばす．反発され，跳ね飛ばされた軌道を再び固定点付近に引き戻すメカニズムが存在すれば，カオス発生の条件が整うことになる．だとしたら，カオスを生成するために2つの固定点が必要だろうか．位相空間内において，跳ね飛ばされた軌道を固定点に引き戻すメカニズムさえ存在すれば，すなわち同一の固定点に戻ってくるホモクリニック軌道が存在すれば，固定点は1つで十分なのではないだろうか．レスラー系よりも単純な固定点が1個のカオス系が存在するのではないだろうか．

実際，固定点が1個のカオス系は数多く存在する．1990年代になると，スプロット (Sprott) によってそのようなカオス系が数多く発見され，それらの多くは外見上も明らかにレスラー系より単純である[3]．こ

うした研究を継承し,この章ではいくつかのタイプの力学系において,最も単純と思われるカオス系を紹介し,かつ新たに提案する.

5-2 ジャーク関数

しかし,何をもって単純だと判断するのだろうか.単純さを比較する基準は何か.項の数が少ないほど単純であるということには納得したとしても,項の数とは項の総数なのか,それとも非線形項の数なのか.固定点の数についてはどうか.カオス系は du/dt, dv/dt, dw/dt という最低3つの式によって表されるが,その表現方法は一意的なのか.変数変換によってもっと単純な式に変形できるのではないか.こうした疑問は尽きないが,単純さを比較する上で便利な方法がゴットリーブ(Gottlieb)によって提案された.それは**ジャーク**(Jerk)**関数**を用いる方法である[4].

ゴットリーブによれば,例えば,3変数の力学系

$$\frac{du}{dt} = f(u, v, w),$$
$$\frac{dv}{dt} = g(u, v, w), \qquad (5\text{-}1)$$
$$\frac{dw}{dt} = h(u, v, w).$$

は適当な変数変換によって

$$\frac{du}{dt} = v,$$
$$\frac{dv}{dt} = w, \qquad (5\text{-}2)$$
$$\frac{dw}{dt} = J(u, v, w).$$

の形に変換することができる．こうすれば $v=du/dt$, $w=dv/dt=d^2u/dt^2$, $dw/dt=d^2v/dt^2=d^3u/dt^3$ などの置き換えにより，最終的に

$$\frac{d^3u}{dt^3}=J\left(u,\frac{du}{dt},\frac{d^2u}{dt^2}\right). \tag{5-3}$$

という u，およびその1次，2次，3次の導関数から成る単一の微分方程式に還元することが可能になる．この (5-3) 式の J をジャーク関数と言う．ただし，本書では図を描くときにそのまま使えるように，力学系を (5-2) の形で表すことにする．こうすると力学系全体ではなく，$J(u,v,w)$ という1つの式を比較するだけで力学系の単純さを判定できるようになる．

5-3 スプロットのカオス

5-3-1 ストレンジアトラクタを生成する自励系

常微分方程式の右辺が陽に時間 t を含まない系を**自励系** (Autonomous System) と言う．これまで扱ってきた (1-15), (1-16), (2-22) などのカオスを生成する3変数常微分方程式系はすべて自励系である．スプロットはストレンジアトラクタを生成する自励カオス系の中で最も単純なものとして，次の2つの力学系 (5-4), (5-5) を提示している[3]．そのジャーク関数は2次の項1個と1次の項2個からなり，1個の固定点はともに原点 $(0,0,0)$ にある．さらに，パラメータの値が $a=2.02$ のとき，固定点における3つの固有値を計算すると，両方とも $\lambda=-2.222$, $0.101\pm0.663i$ を得る．したがって，固定点はサドルで，カオス発生の要件を満たしており，このサドルに出入りするホモクリニックな軌道が存在すると思われる．図5-2が力学系 (5-4) と (5-5) の軌道で，とも

にストレンジアトラクタを生成するパラメータと初期値は非常に狭い範囲に限られる．

$$\frac{du}{dt} = v,$$
$$\frac{dv}{dt} = w, \qquad (5\text{-}4)$$
$$\frac{dw}{dt} = -u - aw + v^2,$$

$$\frac{du}{dt} = v$$
$$\frac{dv}{dt} = w, \qquad (5\text{-}5)$$
$$\frac{dw}{dt} = -u - aw + uv.$$

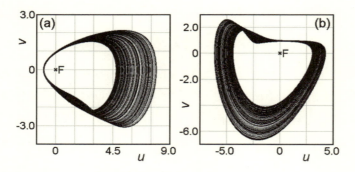

図 5-2 スプロットの自励系 (5-4) および (5-5) によるストレンジアトラクタ．スプロットによって提案された力学系 (5-4) および (5-5) はストレンジアトラクタを生成する最も単純な自励系であると考えられる．これらの系のジャーク関数は2次の項1個と1次の項2個から成る．(a), (b) とも $a = 2.02$，初期値 $P_0(0.37, 0, 0)$，固定点 $F(0, 0, 0)$．

5-3-2 カオスを生成する保存系

スプロットは保存系についてもカオスを生成する最も単純な系を提案している[3].

$$\frac{du}{dt} = v,$$
$$\frac{dv}{dt} = w, \qquad (5\text{-}6)$$
$$\frac{dw}{dt} = -a + v + u^2.$$

この力学系は全位相空間でヤコビアンのトレース（対角成分の和）が0であることから保存系であることが確認できる．保存系 (5-6) は初期値により，図 5-3 のような異なった図形を描く．保存系なので，これらの図形はアトラクタではあり得ず，1個の固定点 $F(\sqrt{a}, 0, 0)$ も不安定である．(a) は不規則なカオスであるが，黒く塗りつぶされている (b) は表面が滑らかなトーラス面上の準周期振動であると考えられる．

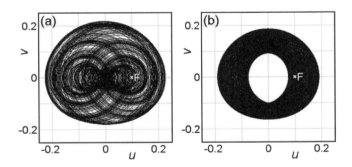

図 5-3 最も単純な保存系 (5-6) によるカオス (a) と準周期振動 (b)．この系は保存系なので，2つの図形はアトラクタではない．力学系 (5-6) のジャーク関数は2次の項，1次の項，定数項がそれぞれ1個からなり，1個の不安定固定点 $F(\sqrt{a}, 0, 0)$ を持つ． $a = 0.01$ ．(a) 初期値 $P_0(0.02, 0, 0)$, (b) 初期値 $P_0(0.02, 0.1, 0)$.

ところで，図5-3において(a)はカオス，(b)は準周期振動と言ったが，その違いは第1章で用いたポアンカレ(Poincaré)写像によって明らかになる．具体的に図5-4では，$w=0$という2次元平面を通過する点だけプロットしている．すると(a)では不規則に散らばった点が，(b)では明瞭な2つの輪が浮かび上がってくる．(b)がトーラス面上の準周期振動であるという理由はこれで分かるだろう．

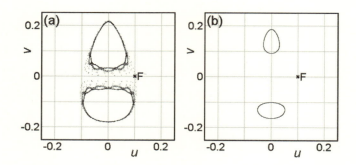

図5-4 最も単純な保存系(5-6)によるポアンカレ写像．(a)と(b)はそれぞれ図5-3のそれらに対応し，$w=0$を通過する点だけをプロットしている．特に(b)に2つの1次元リングが現れることから，図5-3(b)の極限図形が2次元トーラスであることが明らかになる．$a=0.01$．(a)初期値 $P_0(0.02, 0, 0)$，(b)初期値 $P_0(0.02, 0.1, 0)$．

5-4 強制振動系

5-4-1 ジャパニーズアトラクタ

カオスの歴史の中では日本人も大きな貢献をしている．ローレンツアトラクタとほぼ同じころ，上田睆亮によって墨流しのような形をし

た**ジャパニーズアトラクタ**が発見された．ローレンツアトラクタとともに，ジャパニーズアトラクタはその後のカオス研究を象徴するもう1つの記念碑になった[5]．

ジャパニーズアトラクタはダフィン（Duffing）方程式と呼ばれる次の2階微分方程式のポアンカレ写像によって導かれる．

$$\frac{d^2u}{dt^2}+k\frac{du}{dt}+u^3=B\cos\omega t \tag{5-7}$$

右辺の3角関数は外部から加わる角速度 ω の周期的な力を表し，系はこの力によって強制的に揺さぶられる．このような時間 t を陽に含む力学系は**強制振動系**（Forced Oscillation System）と呼ばれる．

力学系 (5-7) は $du/dt=v$ と置くことによって，2次元の力学系に移すことができる．

$$\begin{aligned}\frac{du}{dt}&=v,\\ \frac{dv}{dt}&=-kv-u^3+B\cos\omega t.\end{aligned} \tag{5-8}$$

力学系 (5-8) はさらに第3式として $dw/dt=\omega$ を加えることによって，3次元の自励系の形に直すこともできる．

$$\begin{aligned}\frac{du}{dt}&=v,\\ \frac{dv}{dt}&=-kv-u^3+B\cos w,\\ \frac{dw}{dt}&=\omega.\end{aligned} \tag{5-9}$$

ただし，角速度を表す第3式が0では意味がないので，力学系 (5-9) は固定点を持たない．

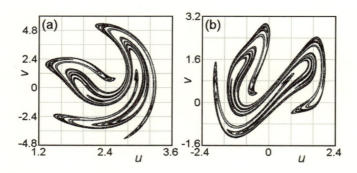

図 5-5 ジャパニーズアトラクタ．日本人の上田睆亮によって発見されたこのストレンジアトラクタはローレンツアトラクタとともにカオス研究のモニュメントとされている．

5-4-2 ストレンジアトラクタを生成する強制振動系

スプロットは先の論文において，ストレンジアトラクタを生成する最も単純な強制振動系として，上記のダフィン方程式系を挙げている[3]．しかし，この系は3次の項を含んでいることが気になる．2次の項で置き換えることはできないのだろうか．

次の力学系 (5-10) は強制振動項を除くと非線形項は2次の項が1つだけである．その点で非線形項が3次のダフィン方程式よりも単純だと思われる．

$$\frac{du}{dt} = v,$$
$$\frac{dv}{dt} = a - bv - u^2 + A\cos w, \quad (5\text{-}10)$$
$$\frac{dw}{dt} = \omega.$$

図 5-6 に力学系 (5-10) によるストレンジアトラクタとポアンカレ写像を示す．ポアンカレ写像は強制振動系の解析においてもよく使われ，

この場合は 2π 周期の振動が $\cos w = 0$ の面を通過するときの点を拾い出している．図5-5のジャパニーズアトラクタと比較すると，(b) のポアンカレ写像はかなり単純であるが，扁平な軌道断面が折りたたまれる様子もうかがうことができ，恐らくストレンジアトラクタであると思われる．黒はポアンカレ断面を上から下へ，つまり $\cos w > 0$ から $\cos w < 0$ へ，濃い灰色は逆に下から上へ，つまり $\cos w < 0$ から $\cos w > 0$ へ通過する点の集合である．

同様に次の力学系 (5-11) もカオスを発生する最も単純な強制振動系の1つと考えられる（図5-7）．こちらのポアンカレ断面は $\cos w = \sqrt{3}/2$ で，黒はポアンカレ断面を上から下へ，濃い灰色は逆に通過する点の集合である．図5-6 (b) と比較すると，図5-7 (b) のポアンカレ写像では

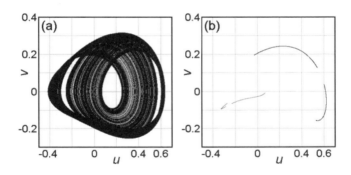

図 5-6 最も単純な強制振動系 (5-10) によるストレンジアトラクタとポアンカレ写像．この力学系はストレンジアトラクタを生成する最も単純な強制系の1つと考えられる．強制振動項を除くと，第2式は2次の項1個，1次の項1個，定数項1個からなる．(b) では $\cos w = 0$ となる面でポアンカレ写像が行われており，黒はポアンカレ断面を上から下へ，つまり $\cos w > 0$ から $\cos w < 0$ へ，濃い灰色は逆に下から上へ通過する点を拾い出している．$a = 0.1$, $b = 0.53$, $A = 0.156$, $\omega = 0.6$, 初期値 $\mathrm{P}_0(-0.25, 0, 0)$．

軌道の折りたたみ効果がより顕著になっている．

$$\frac{du}{dt} = v,$$
$$\frac{dv}{dt} = a - bu - uv + A\cos w, \qquad (5\text{-}11)$$
$$\frac{dw}{dt} = \omega.$$

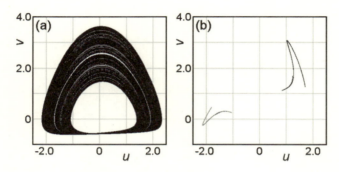

図5-7 最も単純な強制振動系 (5-11) によるストレンジアトラクタとポアンカレ写像．図5-6と同様，この力学系もストレンジアトラクタを生成する最も単純な強制系の1つと考えられる．強制振動項を除くと，第2式はやはり2次の項1個，1次の項1個，定数項1個からなる．(b) では $\cos w = \sqrt{3}/2$ となる面でポアンカレ写像を行っている．$a=0.1$, $b=0.53$, $A=0.1475$, $\omega=0.6$, 初期値 $\mathrm{P}_0(1,0,0)$．

5-5 フラクタルな流域構造を持つ双安定な自励系

次にユニークな多重安定性を示す系を取り上げよう．スプロットによる最も単純な自励カオス系のジャーク関数と同じく2次の項は1個だけであるが，1次の項は3個，項全体の数も5個と多く，その分だけ系の複雑さは増している．

$$\frac{du}{dt} = v,$$
$$\frac{dv}{dt} = w, \quad (5\text{-}12)$$
$$\frac{dw}{dt} = a - bu - v + w - uw.$$

この力学系はサドルとなる固定点 $F(a/b, 0, 0)$ が1個だけ存在し，パラメータの値が $a = 0.08$, $b = 0.2$ のとき，その固有値は $\lambda = -0.176$, $0.388 \pm 0.993i$ である．しかし，初期値によってリミットサイクルまたはストレンジアトラクタという2種類のアトラクタを生成する（図5-8）．さらにそれぞれのアトラクタに対する流域は複雑に入り組み，顕著なフラクタル構造を示している．この傾向が特に顕著なのは固定点付近で，どんなにスケールを拡大してもスパイラル状の湧き出しが自己相似的に繰り返し現れてくる（図5-9）．固定点付近に限らず，流域のフラクタル構造は広範囲に広がっており，渦巻状の帯はさらに細い帯に分裂していると思われる．

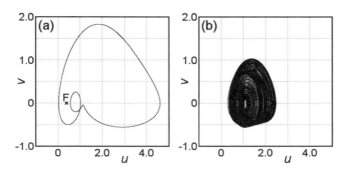

図 5-8 双安定な自励系 (5-12) によるリミットサイクル (a) とストレンジアトラクタ (b)．パラメータの値が $a = 0.08$, $b = 0.2$ のとき，この力学系が生成する固定点は不安定な $F(0.4, 0, 0)$ の1個だけであるが，初期値によってリミットサイクル，ストレンジアトラクタという2種類の異なるアトラクタを生成する．(a) 初期値 $P_0(1, 0, 0)$, (b) $P_0(2, 0, 0)$.

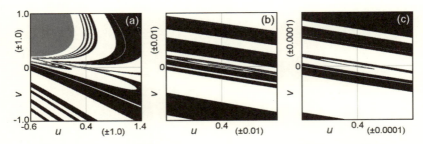

図 5-9 双安定な自励系 (5-12) によるフラクタルな流域分布．白と黒の領域はそれぞれリミットサイクル（図 5-8 (a)）とストレンジアトラクタ（図 5-8 (b)）の流域を表す．ただし，(a) の灰色の領域は発散する初期値の集合である．すべての図で固定点 F は画面中央に位置し，w の初期値は F における値 0 に固定される．(a) → (b) → (c) と移行するごとに領域は 100 倍ずつ拡大される．いくら拡大しても自己相似的な渦巻き模様が現れ，流域分布は明らかなフラクタル構造を示している．$a = 0.08$, $b = 0.2$, $F = (0.4, 0, 0)$.

5-6 時空間カオス

5-6-1 リミットサイクルを生成する自励系

これまでは常微分方程式系における単純な時間的カオスであったが，次に拡散効果を考慮した偏微分方程式系の時空間カオスについて調べる．本来ならば，まず時空間カオスとは何かという問題に答えなければならないが，ここでは外見上，不規則なパターンを生成し，しかも単純なパターンに減衰せずに持続している状態を時空間カオスと呼ぶことにする．ただし，拡散係数が異なる場合に見られるチューリングパターンは考察の対象から外す．したがって，ここで求めているのは拡散係数が等しい偏微分方程式系において発生する時空間カオスである．

第5章　シンプルカオス

　通常，時空間カオスを生成するためには，拡散項を外した常微分方程式系において，リミットサイクル振動が発生している必要がある．したがって，まず探すべきはリミットサイクルを生成する最も単純な常微分方程式系である．そのような例として，次の力学系を挙げる．

$$\frac{du}{dt} = v,$$
$$\frac{dv}{dt} = a - v + uv - u^2. \tag{5-13}$$

　この力学系のジャーク関数には2次の非線形項が2個，1次の線形項および定数項が1個ずつ，計4個の項が含まれる．非線形項が2個というのは多過ぎる気もするが，非線形項1個のリミットサイクル系が存在するかどうかは不明である．力学系は表5-1に示された2個の固定点を生成する．それぞれの固定点における固有値を調べると，1個は完全反発的なリペラ，もう1個はサドルであることが分かる．そして，前者のリペラの回りに図5-10 (a) のようなリミットサイクルが形成される．

　次の力学系 (5-14) と (5-15) も (5-13) と同数の非線形項，線形項，定数項を含み，安定なリミットサイクルを形成する．ただし，(5-15) では固定点は完全反発的なリペラが1個あるだけである．

$$\frac{du}{dt} = v,$$
$$\frac{dv}{dt} = a - u + uv - u^2. \tag{5-14}$$

$$\frac{du}{dt} = v,$$
$$\frac{dv}{dt} = -a - u - uv + v^2. \tag{5-15}$$

表 5-1 自励系 (5-13), (5-14) および (5-15) による固定点の固有値

力学系	パラメータ	固定点	固有値	種類	安定性
(5-13)	$a=1.5$	$(1.225, 0)$	$0.112 \pm 1.561 i$	リペラ	不安定
		$(-1.225, 0)$	$0.808, -3.032$	サドル	不安定
(5-14)	$a=0.1$	$(0.092, 0)$	$0.046 \pm 1.087 i$	リペラ	不安定
		$(-1.092, 0)$	$0.671, -1.763$	サドル	不安定
(5-15)	$a=0.1$	$(-0.1, 0)$	$0.05 \pm 0.999 i$	リペラ	不安定

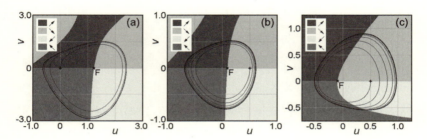

図 5-10 最も単純な自励系 (5-13), (5-14) および (5-15) によるリミットサイクル. 2次の項2個から成るこれら3つの力学系はリミットサイクルを生成する最も単純な力学系であると考えられる. 固定点の数は (5-13) と (5-14) が2個, (5-15) が1個と異なるが, いずれの力学系も完全反発的なリペラの周囲にリミットサイクル振動が発生する. (a) $a=1.5$, 初期値 $P_0(0,0)$, (b) $a=0.1$, $P_0(0.5,0)$, (c) $a=0.1$, $P_0(0.5,0)$.

5-6-2 時空間カオスを生成する反応・拡散系

常微分方程式系 (5-13) に等しい拡散係数の拡散項を付加した偏微分方程式系が次の (5-16) である.

$$\frac{\partial u}{\partial t} = \frac{\partial^2 u}{\partial x^2} + \frac{\partial^2 u}{\partial y^2} + v,$$
$$\frac{\partial v}{\partial t} = \frac{\partial^2 v}{\partial x^2} + \frac{\partial^2 v}{\partial y^2} + a - v + uv - u^2. \tag{5-16}$$

この力学系に以下のような初期条件を与える.

$$u(x,y,0) = u_0 \left\{ 1 + k \sin \frac{\pi}{L}\left(x - \frac{L}{2}\right)\right\},$$
$$v(x,y,0) = k \sin \frac{\pi}{L}\left(y - \frac{L}{2}\right). \tag{5-17}$$

ここで $L = 200$ は描画が行なわれる正方形領域の 1 辺の長さ,また u_0 は不安定固定点 F における u の値を表す.F における v の値は $v_0 = 0$ なので,(4-21) に代わる初期条件は (5-17) のようになる.この初期条件によれば,境界での u と v の変化率が 0 に設定されるとともに,出現するパターンの非対称性が保証される.初期条件 (5-17) はゼロ-フラックス境界条件とともに用いられる.

　反応・拡散系 (5-16) によって生成される空間パターンの時間変化が図 5-11 に示されている.渦巻きが成長した後,それが崩壊して不規則なカオス的パターンに移行する時空間カオス特有のプロセスが観測される.特に式を明示しないが,(5-14) と (5-15) から導かれる反応・拡散方程式によっても同様な時空間カオス生成のプロセスを観察することができる (図 5-12).

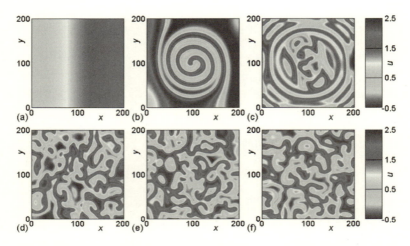

図 5-11 最も単純な反応・拡散方程式 (5-16) による時空間カオス．リミットサイクル振動を起こす最も単純な常微分方程式系 (5-13) は等しい拡散係数の拡散項を付加することにより，カオス状の空間パターンを生成する．このとき渦巻きの成長から崩壊，不規則な斑状パターンの生成という典型的な時空間カオスへの変遷過程が観測される．(5-17) 式による初期条件とゼロ-フラックス境界条件が用いられている．$a = 1.5$, $k = 0.5$.
(a) $t = 0$, (b) $t = 80$, (c) $t = 160$, (d) $t = 320$, (e) $t = 480$, (f) $t = 640$.

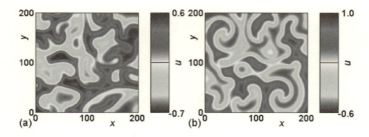

図 5-12 最も単純な反応・拡散方程式による時空間カオス．(a) と (b) はそれぞれ常微分方程式系 (5-14) と (5-15) を用いた反応・拡散系で，これらの系からも図 5-11 と同様な時空間カオスを描くことができる．初期条件と境界条件は図 5-11 と同じ．(a), (b) とも $a = 0.1$, $t = 640$.

先ほど 5-6-1 節において，時空間カオスを生成するためには常微分方程式系においてリミットサイクルが生成されている必要があると述べたが，リミットサイクルが生成していれば必ず時空間カオスが生まれるとは限らない．リミットサイクルは時空間カオス生成の十分条件ではなく，必要条件に過ぎない．具体的に次の (5-18) 式は**ファン・デル・ポール**（van der Pol）**の振動子**と呼ばれる古くから知られた系で，図 5-13 のような安定したリミットサイクルを生成する．

$$\frac{du}{dt} = v,$$
$$\frac{dv}{dt} = -u + k(1-u^2)v.$$
(5-18)

力学系 (5-18) における 3 次の非線形項が 1 個と 1 次の線形項が 2 個，計 3 個の項というジャーク関数の構成は (5-13) 式や (5-14) 式，(5-14) 式と比較しても，どちらが単純であるか，にわかには判定しがたい．したがって，この章の主旨にも合致しているように思える．しか

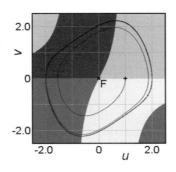

図 5-13　ファン・デル・ポールの振動子 (5-18) によるリミットサイクル．1927 年，オランダの電気技師ファン・デル・ポールが発見したこのリミットサイクルは真空管の歴史において，重要な役割を果たした．$k = 0.5$.

し，その反応・拡散方程式はスパイラルの形成さえ遅々として進まず，一向に時空間カオスは生成しない．もちろん永久に時空間カオスを生成しないとは断言できないし，パラメータの値によっては生成することがあるかもしれない．しかし，常微分方程式系がリミットサイクルであっても偏微分方程式系の挙動は様々で，時空間カオス生成の保証はないということは確かだろう．このような強いモデル依存性は複雑系の特徴でもある．

5-7　第5章の補遺
　　……ルンゲ＝クッタ法（時間を陽に含む連立常微分方程式）

強制振動系のような時間 t を陽に含む2変数力学系のルンゲ＝クッタ法は以下の通りである．

$$\begin{aligned}\frac{du}{dt} &= f(u, v, t), \\ \frac{dv}{dt} &= g(u, v, t).\end{aligned} \tag{5-19}$$

$f_1 \sim f_4$ を次の順に求める．

$$\begin{aligned}f_1 &= f(u_n, v_n, t_n), \\ f_2 &= f\left(u_n + \frac{f_1 \Delta t}{2}, v_n + \frac{g_1 \Delta t}{2}, t_n + \frac{\Delta t}{2}\right), \\ f_3 &= f\left(u_n + \frac{f_2 \Delta t}{2}, v_n + \frac{g_2 \Delta t}{2}, t_n + \frac{\Delta t}{2}\right), \\ f_4 &= f(u_n + f_3 \Delta t, v_n + g_3 \Delta t, t_n + \Delta t).\end{aligned} \tag{5-20}$$

$g_1 \sim g_4$ も同様に求めて，次式に代入する．

$$u_{n+1} = u_n + \frac{1}{6}(f_1 + 2f_2 + 2f_3 + f_4)\Delta t,$$
$$v_{n+1} = v_n + \frac{1}{6}(g_1 + 2g_2 + 2g_3 + g_4)\Delta t.$$
(5-21)

こうして (u_n, v_n) から (u_{n+1}, v_{n+1}) を求める．

第5章の参考文献

(1) Lorenz, E.N. (1963) Deterministic nonperiodic flow. Journal of the Atmospheric Sciences. 20 : 130-141

(2) Rössler, O.E. (1976) An equation for continuous chaos. Physics Letters A. 57 : 397-398.

(3) Sprott, J.C. (1997) Some simple chaotic jerk functions. American Journal of Physics. 65 : 537-543.

(4) Gottlieb, H.P.W. (1996) Question #38. What is the simplest jerk function that gives chaos? American Journal of Physics. 64 : 525.

(5) Ueda, Y. (1985) Random phenomena resulting from non-linearity in the system described by Duffing's equation. International Journal of Non-Linear Mechanics 20 : 481-495.

第6章
樹状ネットワーク構造の形成と
エントロピー生成率最大化（MEP）の原理

第6章のキーワード：
エントロピー生成率最大化（MEP）の原理，コレスキー法，コンストラクタル法則，散逸構造，自己組織化，樹状ネットワーク構造，熱力学的平衡から遠く離れた状態，熱力学の第2法則，フラクタル次元，ポアッソン方程式，有限差分法．

6-1 プリゴジンがやり残したこと
6-2 ポアッソン方程式とラプラス方程式
6-3 樹状ネットワークモデル
　6-3-1 シミュレーション領域
　6-3-2 入力と出力の解釈
　6-3-3 境界条件と選択規則
6-4 樹状ネットワークと散逸構造
　6-4-1 樹状ネットワーク構造の起源
　6-4-2 フラクタル次元
　6-4-3 コンストラクタル理論と MEP 原理
6-5 河道形成モデル
6-6 散逸構造の低エントロピー性と MEP 原理
6-7 錯綜するエントロピー理論の統合に向けて
6-8 第6章の補遺
　　　　……有限差分法と連立1次方程式の効率的な解法
　6-8-1 有限差分法
　6-8-2 境界条件と連立1次方程式を表す正方対称行列
　6-8-3 コレスキー法による連立1次方程式の解法
　6-8-4 樹状ネットワークモデルのアルゴリズム

6-1　プリゴジンがやり残したこと

　エントロピーとは均質さ，または不均質さの指標である．すなわち，均質な状態のエントロピーは高く，不均質な状態のエントロピーは低い．

　多くの人はエントロピーという言葉から熱力学の第2法則を連想するだろう．この法則は「エントロピー増大の法則」とも呼ばれ，孤立系のエントロピーは時間とともに増大すると主張している．宇宙は究極の孤立系と考えられるので，宇宙全体のエントロピーはその量が最大になるまで増え続ける．このことは宇宙の悲劇的な結末を予言する．宇宙の終局は熱力学的平衡状態，すなわち熱的死（Heat Death）である．

　しかし，エネルギーや物質が絶え間なく出入りする非平衡開放系でのエントロピーは孤立系とは全く異なった様相を呈する．そのようなシステムでは**自己組織化**（Self-organization）のメカニズムを通して，**散逸構造**（Dissipative Structure）と呼ばれる低エントロピー状態が自発的に出現する．豊富なエネルギーや物質の流れに曝されている開放系では，**熱力学的平衡から遠く離れた**（Far from Equilibrium）**状態**が頻繁に実現される．そうした状態に出現する散逸構造は不均一性と低エントロピーによって特徴づけられ，その実例はベナール（Bénard）対流や木星の大赤斑（Great red spot）などの物理的構造物から人間も含む様々な生命体にまで及ぶ．シュレディンガー（Schrödinger）も言っているように「生命体は負のエントロピー（Negentropy）を食べて生きている」のである[1]．宇宙に遍く観察される非平衡物理現象はエントロピーの値が低く保たれた散逸構造の中で進行すると考えられる．

　物理学的システムにはエントロピー生成をコントロールする3つの基本的な法則または原理がある．それらは**熱力学の第2法則**，**エントロ**

ピー生成率最小化（Minimum Entropy Production: mEP）の原理，**エントロピー生成率最大化**（Maximum Entropy Production: MEP）**の原理**の3つである．熱力学の第2法則，すなわちエントロピー増大の法則は3つの中で最もよく知られているとともに最も根源的なもので，孤立系において効力を発揮する．ギリシャ神話にたとえれば，他の諸々の神々を服従させるゼウスとでも言えようか．一方，mEP原理とMEP原理はエネルギーや物質が継続的に出入りする非平衡開放系で機能する．

20世紀の中頃，プリゴジン（Prigogine）は熱力学的平衡に近い状態にある開放系はエントロピー生成が最小化した状態で安定化するというmEP原理を提唱した．この原理は系と外部環境との相互作用が線形なときに成り立つと考えられ，自然科学者の間ですでに広く受け入れられている．プリゴジンは相互作用が非線形な**熱力学的平衡から遠く離れた**状態におけるエントロピーの挙動については未解決のまま残されているとも言っている[2,3,4,5]．

後にクレイドン（Kleidon）はこの状態ではMEP原理が支配する，すなわち熱力学的平衡から遠く離れた非平衡開放系ではエントロピー生成が最大化した状態で安定化すると主張した[6]．この新しいMEP原理は未だ研究者の間で公認されてはいない．しかし，MEP原理を探究することはエントロピーの挙動を理解する上で重要な意味を持つ．何故なら，エントロピーの持つ創造性を明らかにするのは熱力学の第2法則でもmEP原理でもなく，MEP原理だからである．

本章では**ポアッソン**（Poisson）**方程式**と**有限差分法**（Finite Difference Method: FDM）を活用して，樹状ネットワーク（Tree-network）構造の形成をシミュレーションする実用的な数学モデル，樹状ネットワークモデルを提案する．そして，エントロピー生成率最大化という視点から，そのシミュレーション結果がエントロピーに関する非平衡熱力学の新しい理論に与える影響について考察する．MEP原理によれば，熱力学的

平衡から遠く離れた状態で存在する開放系はエントロピー生成率が最大化するときに安定化し，樹状ネットワークのような低エントロピーの散逸構造を生み出す．

この章の樹状ネットワークモデルにおけるシミュレーションの設定は大きく2種類に分かれる．1つは熱力学的平衡から遠く離れた状態をシミュレーションするポアッソン方程式を用いた設定，もう1つは孤立系もしくは熱力学的平衡からそれほど離れていない状態をシミュレーションする**ラプラス (Laplace) 方程式**を用いた設定である．これらの方程式の出力は系のエントロピー生成と正の相関を持つと考えられる．ポアッソン方程式タイプのモデルをエントロピー生成率が最大化するようにセットすると，樹状ネットワーク構造の形成が進行する．我々はこれをMEP原理が発動したからであると推測する．つまり，最大量のエントロピーを系外に排出したために，システム自体のエントロピーが低くなり，複雑な構造が出現したのである．他方，ラプラス方程式タイプのモデルでは樹状構造の形成は観察されない．これらのシミュレーション結果はMEP原理の正当性を証明する説得力のある証拠になるだろう[7]．

外部環境と非線形な様式で相互作用する開放系はエントロピー生成率が最大化するように安定化すると言明するMEP原理はある種の最適化理論である．低エントロピーによって特徴づけられる散逸構造はそのような条件下でMEPのメカニズムを通して創造される．MEP原理の導入は散逸構造の形成過程を解明するために不可欠である．

MEP原理は近年の非平衡熱力学の進展の中で発見された新しい理論で，未だ数学的には証明されていない．この原理は与えられた外部条件の中でどんな構造が実現可能なのか，物理システムにとって到達可能なゴールを予言している．現在ではMEP原理は地球上での多重安定な海流循環や熱帯から極地への水平な熱移送，生態系の熱収支などの領域にまで，その適用が拡張されている[6]．これらの現象はいずれもエント

ロピー生成が最大化した状態で落ち着くと考えられている.

mEP原理とMEP原理の結末は正反対のように見える.mEP原理によれば,環境との相互作用が線形な非平衡開放系は最小量のエントロピーを産出する.他方,MEP原理によれば,環境との相互作用が非線形な非平衡開放系は最大量のエントロピーを産出する.線形相互作用と非線形相互作用の違いは微妙なように思える.相互作用が線形か非線形か,我々は厳密に判定できるのか.非線形な様式で相互作用する系は常に最大量のエントロピーと散逸構造を生み出すのか.線形相互作用と非線形相互作用の厳密な区別はどこで行われるのか.クレイドンは次のようにも言っている.熱力学的平衡から遠く離れた状態はMEP原理の発現の十分条件ではなく,必要条件の1つであり,十分な自由度と自由な出入りを許容する固定されない境界条件も必要であると[6].どの程度の自由度が必要か.本当に固定されない境界条件は前提なのか.こうした疑問に応えるために,さらなる探究が必要だろう.

ベヤン (Bejan) によって提唱された**コンストラクタル** (Constructal) **理論**はもう1つの最適化理論である[8].コンストラクタル理論は次のように要約することができる.平面から点または空間から点へ向かう物質の流れは全体の抵抗が最小になるように,エネルギーの損失が最小になるように自己調整される.別な言い方をすれば,いささかトートロジー的ではあるが,長期間に渡って存続する流れのシステムは流体が最も流れやすいような構造を進化させる.ベヤンは**コンストラクタル法則**は熱力学の第2法則から区別されるべき自立した法則であるとも主張している.何故なら,熱力学の第2法則は物質の配置すなわち建築様式 (Architecture) には言及していないからである.

2010年以降,短い期間ではあったが,MEP理論とコンストラクタル理論との間で論争と相互交流が行われた時期があった[9,10,11].しかし,交流はすぐに途絶え,実り多い成果は得られなかったように思える.今

後，古典的な mEP 理論も含め，一見，矛盾するように見えるいくつかのエントロピー理論の間に橋を渡し，相互の和解を促進する必要があるだろう．

　神経細胞の樹状突起や樹木の枝のような生物学的組織から，寒い日に窓ガラスに成長する霜や河道のような物理学的組織まで，自然界はフラクタル（Fractal）な形状で満ち溢れている[12,13]．フラクタルな形状は典型的な低エントロピー状態であり，散逸構造に特有なパターンである．その中で特よく見られる構造が樹木の形をしたネットワークパターンである．この章では普遍的に観察される樹状ネットワークパターンの起源をエントロピー生成率の最大化という観点から解明する．そのためにポアッソン方程式やラプラス方程式を用いたシンプルな樹状ネットワークモデルを構築する．そして，2つの対照的な数理モデルの結果を比較しながら，いまだ評価の確定しない MEP 原理の存在価値を明らかにしていきたい．

6-2　ポアッソン方程式とラプラス方程式

　ポアッソン方程式とは u と f を位置の関数として，ラプラス演算子を用いて次の形に表現される偏微分方程式である．

$$\nabla^2 u + f = 0. \tag{6-1}$$

ここで u は空間内において最終的に確定する重力場や電場などのポテンシャル，f はその原因となる物質や電荷の分布を表す．特に2次元であれば，より具体的に

$$\frac{\partial^2 u}{\partial x^2} + \frac{\partial^2 u}{\partial y^2} + f(x, y) = 0. \tag{6-2}$$

と書き下すことができる．全領域で $f(x, y) = 0$ のときのポアッソン方

程式を**ラプラス方程式**と言う．

　与えられた空間内における物質や電荷の分布を既知として，ある境界条件の下でどのような重力ポテンシャルや静電ポテンシャルの分布が自然かつ合理的に可能か，そうした問題に答えるのがポアッソン方程式である．関数 $f(x,y)$ は原因となる物質や電荷の分布を表し，関数 $u(x,y)$ は結果となる重力ポテンシャルや静電ポテンシャルの分布を表す．

　元来，ポアッソン方程式は静的な性格のもので，時間的に変化しない最終的な平衡状態を求めるために用いられる．その意味で，これまでのダイナミックな時間変化を表す動的な微分方程式とは本質的に性格が異なる．そのような静的なポアッソン方程式をダイナミックな樹状ネットワーク構造の形成プロセスに適用しようというのが本章の意図であるが，このとき結果となる重力ポテンシャルや静電ポテンシャルの再配置が一瞬のうちに行われるということが大前提である．まず，何らかの外部的な要因により，原因となる物質や電荷の分布に比較的ゆっくりとした変化が起こる．すると内部的な再配置によってポテンシャルの分布が一瞬のうちに確定する．再び，次の緩やかな原因変化が起こり，直ちに新たな結果が生じる．このような原因と結果の繰り返しによって進行するダイナミックなプロセスをモデル化したのが本章の樹状ネットワークモデルである．ここで言う原因の緩やかな変化には崖の崩落といった通常の我々の感覚では，比較的，短時間に起きる現象も含まれる．

　この章のポアッソン方程式やラプラス方程式と第 4 章の反応・拡散方程式はともにラプラス演算子によって記述されており，一見，類似しているように思える．しかし，両者の計算方法が同じなのは 2 次微分係数を求めるところくらいまでで，それから後は大きく異なる．反応・拡散方程式の場合，それぞれのピクセルにおいて，次の時点での出力値を隣接する 4 つのピクセルの値だけから計算することができた．それより離れたピクセルの値から特に影響を受けることはない．つまり，局

所的な計算が可能だったのである．しかし，ポアッソン方程式やラプラス方程式の場合，あるセルの次の時点での出力値に影響を及ぼすのは周囲のセルだけではない．領域内の全セルの値が影響する．したがって，領域全体の分布が調和するように，すべてのセルの値を一挙に計算しなければならない．局所的，逐次的な計算は不可能で，大域的な計算しかできない．計算方法において，このように本質的な違いがあるために，この章で第4章の反応・拡散方程式で用いた計算方法を流用することはできない．全く新しい計算方法を開発することが必要になる．

また，次のような違いを指摘することもできるだろう．確かにコンピュータというデジタルな装置を用いる以上，最終的にはルンゲ＝クッタ法や微分係数を求めるときの差分化といった離散化の作業を避けて通ることはできない．たとえそうだとしても，反応・拡散方程式の場合，名目上は時間的にも空間的にも連続的に変化する系として扱われる．しかし，ポアッソン方程式やラプラス方程式が関与する系の場合，連続的に扱われるのは空間のみである．もし時間的な変化を追跡するとしたら，全く別なメカニズムを想定しなければならない．これが後に導入されるMAXまたはMINという選択規則で，このような規則の導入は明らかに時間的には離散系として扱うことを意味している．

6-3　樹状ネットワークモデル

6-3-1　シミュレーション領域

樹状ネットワークモデルのシミュレーション領域は図6-1に示すような1辺の長さが1の正方形である．正方形の全領域はさらに小さい正方形の小区画に分割され，全体として縦横に同数の正方形が等間隔に

第6章 樹状ネットワーク構造の形成とエントロピー生成率最大化(MEP)の原理

並んだ格子を形成する．1つ1つの小区画は要素，セル，ブロックなどと呼ばれる．クロス×で示されたセルは領域の境界を構成し，境界を除く内部領域で実際にシミュレーションが行われる．実質的なシミュ

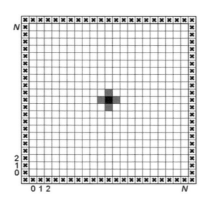

図 6-1 樹状ネットワークモデルのシミュレーション領域と境界．この図は排水口となる最初のネットワークセルを領域中央に設置した場合の初期状態を表す．中央の黒いセルが初期状態での唯一のネットワークセル ($u=0$) で，これから形成される樹状ネットワークの「種子」として機能する．黒いブロックを囲む4つの灰色のブロックは臨界セルを表し，これらは次のステージでネットワークセルになることができる候補者である．次のネットワークセルになり得るのは樹状ネットワークという河道に沿って両岸に位置するセルだけである．境界を形成するセルはクロス×で示され，表6-1に従ってディリクレ(Dirichlet)境界条件 ($u=0$ または $u=1$) またはノイマン(Neumann)境界条件 ($\partial u/\partial n = 0$) が課される．シミュレーション領域がすべてネットワークセルによって埋め尽くされるまで河道が境界を侵犯することはない．そのような理由で，今後のシミュレーションにおいて境界は描かれていない．この章のシミュレーションでは $N=40$ としているので，シミュレーションの対象になるセル数は $41 \times 41 = 1681$ 個である．ただし，上図は境界も含めて 23×23 セルで描かれている．

119

レーション領域は縦横が $(N+1)$ 等分され，各セルには x 方向，y 方向にそれぞれ $0 \sim N$ の座標値が与えられる．したがって，シミュレーション領域と境界も含めた全領域はそれぞれ $(N+1) \times (N+1)$ 個，$(N+3) \times (N+3)$ 個のセルによって構成されることになる．本章のシミュレーションでは $N = 40$ としているので，境界を含む領域と含まない領域の全セル数はそれぞれ $43 \times 43 = 1849$ 個，$41 \times 41 = 1681$ 個である．1つ1つのセルの1辺の長さ，すなわち隣接要素間の間隔を $h = 1/(N+1)$ で表す．

6-3-2　入力と出力の解釈

この章では樹状ネットワーク構造の形成過程をベヤン等の論文に従い，2次元のポアッソン方程式と有限差分法を用いてシミュレーションする[8,14]．数理モデルは大きく分けて2つある．1つはポアッソン方程式によるモデル，もう1つはラプラス方程式によるモデルである．ポアッソン方程式モデルの場合，地形にたとえれば，領域全体に一様に一定量の雨が降り続いている状況を想定している．このとき全領域で $f(x, y) = 1$ としているが，右辺の絶対値は意味をなさない．本章のモデルはあくまで概念的なものなので，プラスの有限値であれば，どんな値でも結果は変わらない．重要なことは0かそうでないかである．

ポアッソン方程式モデルにおいて，降り続く雨は外部環境から系に流入するエネルギーや物質を表している．したがって，これは非平衡開放系をモデル化しており，熱力学的平衡から遠く離れた状態を実現していると仮定される．一方，ラプラス方程式モデルの場合は $f(x, y) = 0$ で降雨はなく，領域への水の供給がない状態を表している．ポアッソン方程式モデルと対照的に，ラプラス方程式モデルがモデル化しているのは外部環境から系にエネルギーや物質が流入していないシステム，すなわ

ち孤立系もしくは熱力学的平衡に近い，またはそれほど離れていない系である．

前節で述べたように，ポアッソン方程式の $u(x,y)$ は重力ポテンシャル，化学ポテンシャル，静電ポテンシャルなどの様々なタイプのポテンシャル分布を表す．ポテンシャルが質量や電荷などの物理量に比例する示量変数であり，かつエントロピーも示量変数であることを考えれば，$u(x,y)$ は直接的にエントロピーに比例する，少なくともエントロピーと正の相関があると仮定してよいだろう．だとすれば，$u(x,y)$ の時間的変動はそれぞれの地点におけるエントロピー生成率または放出率とすることにも異論はないだろう．

6-3-3 境界条件と選択規則

境界条件としては**ディリクレ境界条件**と**ノイマン境界条件**の2つが採用される．ディリクレ境界条件では，直接，境界における u の値を設定するが，ここで用いられるディリクレ境界条件はすべての境界セルについて $u=0$ または $u=1$ のどちらかである．一方，境界における u の変化率を指定するノイマン境界条件では，$\partial u/\partial n = 0$ という条件だけを採用する．これは外部から境界を通しての内部への水の流入がないことを表している．いわゆるゼロ-フラックス境界条件である．

次に選択規則を定める．これは臨界セルの中から次のネットワークセルを選ぶ方法で，MAX と MIN の2種類がある．臨界セルとは既存のネットワークに隣接し，次の段階でネットワークセルに変わり得るセル，ネットワークセルとはすでにネットワークの一部となり，ネットワークを形成している $u=0$ のセルである．選択規則が MAX の場合，臨界セルの中から u の値が最も大きいセルが選ばれる．一方の選択規則が MIN の場合，u の値が最も小さいセルが選ばれる．ただし，真に大

切なのは臨界セルの u の値ではなく,隣接するネットワークセルとの勾配である.しかし,セル間の距離が一定であれば,ネットワークセルの u の値はすべて0なので,臨界セルの u の値は厳密に隣接セルとの勾配に比例する.MAX または MIN の選択規則によって1つの臨界セルが選択され,ネットワークセルに変われば,全体の配置状況は一変し,全領域の u の値はポアッソン方程式またはラプラス方程式によって新規に計算し直されなければならない.全シミュレーション過程を通してこのような選択と再計算が繰り返され,1個ずつネットワークセルを増やしながら樹状ネットワーク構造,つまり河道を成長させていく,これが樹状ネットワークモデルの概要である[7].

先に述べたように,u の値は系のエントロピーと正の相関があると考えられる.有限の u の値を持つ臨界セルが $u=0$ のネットワークセルに変われば,当然のことながら系全体のエントロピーは減少し,その分のエントロピーは系外に放出されることになる.だとすれば,次のことが明らかになるだろう.MAX 選択規則の採用はエントロピー生成率の最大化,すなわち MEP 原理の適用を意味する.一方,MIN 選択規則の採用はエントロピー生成率の最小化,すなわち mEP 原理の適用を意味する.

この章のシミュレーションではポアッソン方程式かラプラス方程式か,境界条件,選択規則などを基準に表6-1のような3種類の組み合わせが採用されている.これらの設定を便宜的にセットⅠ,セットⅡ,セットⅢと名付ける.この3つを選んだ理由はネットワーク状であろうとなかろうと,これらの設定がシミュレーション領域内に何らかの意味のあるパターンを描き出すからである.例えば,表6-1に含まれないラプラス方程式でディリクレ境界条件が $u=0$,そして MAX 選択規則という組み合わせを選んだとしよう.実際にシミュレーションをしてみると,このときいかなるパターン形成も進行しないことが分かる.また,

同じ条件でディリクレ境界条件が $u=1$ という組み合わせを選んだとしよう．するとパターンは直線的に境界まで進み，その周りを徘徊し始める．そして，中央付近の領域にはいかなるパターンも生じない．こうしたケースについて，我々はシステムが崩壊したと見なす．そして，いかなる有意味なパターン形成も進行しないと判断し，シミュレーションの対象から除外している．

表6-1の3種類の設定において，境界上のすべての u の値は自動的に決定するということに注意する必要がある．さらにすべての設定において，内部のシミュレーション領域のすべてのセルがネットワークセルによって占有されて $u=0$ になるまで，つまり内部領域がすべて河道に変わり，広大な池となって水で満たされるまで，ネットワークパターンが境界に侵入することはない．こうした理由で，以降のシミュレーションにおいて境界は描かないことにする．

最後に初期状態の設定であるが，樹状ネットワークの河道が形成されるためには降った雨は系外に排出されなければならない．このとき排水口の機能を担うのが最初のネットワークセルで，これが後のネットワー

表6-1 樹状ネットワークモデルのシミュレーション設定

設定	方程式		境界条件		選択規則
セットI	ポアッソン	$f(x,y)=1$	ディリクレ	$u=0$	MAX
セットII	ラプラス	$f(x,y)=0$	ディリクレ	$u=1$	MIN
セットIII	ポアッソン	$f(x,y)=1$	ノイマン	$\partial u/\partial n=0$	MAX

樹状ネットワークモデルのシミュレーションに関して，上記の3種類の設定が用いられる．MAX選択規則のときは u の値が最大の臨界セルが，MIN選択規則のときは u の値が最小の臨界セルがそれぞれ選択され，直ちにネットワークセルに変化する．2つの選択規則はそれぞれMEP原理およびmEP原理に対応すると考えられる．$f(x,y)$ について，その絶対値には意味がない．ポアッソン方程式タイプのモデルの場合，$f(x,y)\neq 0$ が本質的である．

ク形成において,「種子」の役割を果たす.シミュレーションのスタート時点 $t=0$ において,ネットワークセルの数は排水口の 1 個だけである.ネットワークセルの u の値は常に 0 なので,境界を除けばこの時点で $u=0$ となるセルの数も同じく 1 個である.図 6-1 は最初のネットワークセルが領域中央に置かれたケースで,それが黒い正方形で示されている.黒いセルに近接する 4 つの灰色の臨界セルは次のステップ $t=1$ でネットワークセルに変わり得る候補である.その後はステップごとに 1 個ずつネットワークセルを増やしながら河道を延長していく.ネットワークセルの u の値を常に 0 とすることにより,水が河道を抵抗なく,自由に流れる状況を作り出すことができる.図 6-2 は 3 種類の設定,セット I,II,III について,領域中央に排水口を置いた場合の $t=0$ における u の値の分布を y 軸方向に真横から見た図である.

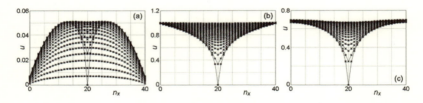

図 6-2 樹状ネットワークモデルの初期状態.排水口を領域中央に設置した場合のシミュレーションのスタート時点における u の値を表す.
(a) セット I:ポアッソン方程式とディリクレ境界条件 ($u=0$) による.
(b) セット II:ラプラス方程式とディリクレ境界条件 ($u=1$) による.
(c) セット III:ポアッソン方程式とノイマン境界条件 ($\partial u/\partial n = 0$) による.すべての設定において,スタート時点 $t=0$ における中央セルの値は $u=0$ で,横軸は x 軸に沿ったセルの中央の位置を表す.座標の最大値は $N=40$ で,隣接セル間の間隔は $h=1/(N+1)$ になる.

6-4 樹状ネットワークと散逸構造

6-4-1 樹状ネットワーク構造の起源

以下，樹状ネットワークモデルによるシミュレーション結果とその意味するところを考察する．図6-3はポアッソン方程式とディリクレ境界

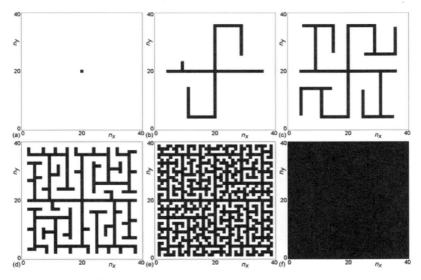

図6-3 樹状ネットワークモデルによるパターンの時間変化（セットⅠ）．境界を除くシミュレーション領域は $41 \times 41 = 1681$ セルから成る．セットⅠの場合，時間の経過につれて次第に樹状ネットワーク構造の形成が展開する．本来のパターンは4回対称のはずだが，一度，対称セルのうちの1つが選択されると対称性が崩れ始め，2回対称に変化する．最終状態 (f) ではすべてのセルがネットワークに含まれてしまい，宇宙の熱力学的死に相当する究極の平衡状態を予感させる．(a) $t=0$, $n=1$, (b) $t=105$, $n=106$, (c) $t=210$, $n=211$, (d) $t=420$, $n=421$, (e) $t=840$, $n=841$, (f) $t=1680$, $n=1681$．n はネットワークセルの総数．

条件 ($u = 0$) および MAX 選択規則を採用したセット I のモデルによって生成されるパターンの時間変化を示している．この設定では明らかな樹状ネットワーク構造の成長が観察される．特に結果を示さないが，セット III でも同様な樹状ネットワーク構造が生成する．

セット I，セット III とは対照的に，ラプラス方程式とディリクレ境界条件 ($u = 1$) および MIN 選択規則を採用したセット II のモデルでは，図 6-4 が示すようにいかなる樹状構造も生成しない．中央に円盤状の領域が生まれ，それが次第に大きくなっていくだけである．この違いこそ本章の主要テーマであり，図 6-3 と図 6-4 の違いにそのことが凝縮されている．

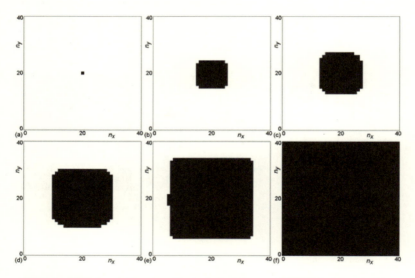

図 6-4 樹状ネットワークモデルによるパターンの時間変化 (セット II). セット II の場合，いかなるネットワーク構造も形成されない．図 6-3 と図 6-4 の (f) 同士を比較すると，途中経過が異なるにも関わらず同じ最終状態に到達することが分かる．このことはあらゆるシステムにとって終局の熱力学的平衡状態を避けることはできないという冷酷な事実を示唆している．時間経過と総ネットワークセル数については図 6-3 と同じ．

第6章　樹状ネットワーク構造の形成とエントロピー生成率最大化（MEP）の原理

　樹状ネットワーク構造の起源を探るにあたって，まず本章で採用された樹状ネットワークモデルは概念的なものであることを強調しなければならない．入力，出力を表す2次元関数 $f(x,y)$, $u(x,y)$ について，それらの絶対値には意味がない．重要なのは相対値だけである．セット I では $f(x,y)=1$ としてあるが，いかなる正の値に対しても同じシミュレーション結果を得ることができる．

　樹状ネットワーク構造の形成はセット I と III で進行する．他方，セット II では進行しない．セット I と III での共通の特徴は次の2つである．すなわち，有限な $f(x,y)$ 値を持つポアッソン方程式と MAX 選択規則である．反対にセット II ではその両方が欠如している．したがって，ポアッソン方程式と MAX 選択規則が樹状ネットワーク構造の形成の必要条件であると結論づけてよいだろう．

　ポアッソン方程式という第1の条件はエネルギーや物質の外界との交換を保証している．何故なら，有限な値の $f(x,y)$ はエネルギーや物質の流入や流出を意味しているからである．この条件は散逸構造の形成を促進する熱力学的平衡から遠く離れた状態も保証している．一方で $f(x,y)=0$ のラプラス方程式は外界とのエネルギーや物質の交換を保証せず，システムが孤立状態または熱力学的平衡に近い状態に存在することを意味している．

　第2の条件，すなわち MAX 選択規則が MEP 原理を実体化するものであることは明らかだろう．何故なら，u の値はエントロピーと正に相関しているからである．最大の u の値を持つ臨界セルが $u=0$ のネットワークセルに変化するとき，最大量のエントロピーが生成され，外部環境に放出されることは言うまでもない．

　クレイドン等は固定されない境界条件を MEP 原理が発動する条件の1つに挙げている[4]．しかし，彼らの見解と異なり，我々の数値実験では境界条件の影響を確かめることができなかった．例えば，セット I で

は境界上の数値が固定したディリクレ境界条件を採用しているにも関わらず，樹状ネットワークの形成が進行する．我々が行ったシミュレーションにおいて，樹状ネットワークの形成を確認できるのはネットワークセルが領域の半分を占める程度までの段階である．このことを考慮すれば，クレイドン等の見解との相違はこの程度の段階では境界条件の影響はそれほど顕著ではないからなのかもしれない．

極端な場合として，図6-3，図6-4の(f)のようにシミュレーションが最後まで進んだ段階を想定しよう．するとセットⅠ，Ⅱ，Ⅲのいずれの場合も全く同じ画像に終着し，互いに区別できなくなる．全領域が$u=0$のネットワークセルに占有され，途中に生じたいかなるパターンも洗い流されてしまう．こうした状態は宇宙のあらゆる存在にとって避けることができない最終的な熱力学的平衡状態，すなわち熱的死と一致することは極めて示唆的である．最終的な勝者は常に熱力学的平衡状態なのである．

本章の主要なテーマはMEP原理の有効性を確認するような数学的モデルを提供することである．モデルの設定と生み出されるパターンとの関係は表6-2にまとめてある．これまでのところ，MEP原理は仮説の域を出ていない．数学的にも証明されていない．MEP原理を単なる空想の域を出ないと見なす科学者が多いことも事実である．我々は本章の

表6-2　シミュレーション設定とパターンの相関

設定	方程式	系
セットⅠⅢ	ポアッソン	熱力学的平衡から遠く離れた系
セットⅡ	ラプラス	孤立系または熱力学的平衡に近い系

原理	パターン	構造
MEP	樹状ネットワーク	散逸構造
mEP	円盤	非散逸構造

MEPとmEPはそれぞれエントロピー生成率最大化 (Maximum Entropy Production)，エントロピー生成率最小化 (Minimum Entropy Production) の略．mEPという表記は考案者，Reis氏の許可を得て使用．

樹状ネットワークモデルがシミュレーションの世界において MEP 原理の有効性を示す実例になることを期待している．

6-4-2　フラクタル次元

　樹状ネットワークパターンの**フラクタル次元**を求めておこう．例として取り上げるのは最も複雑性が増していると思われる図 6-3 (e) のパターンである．フラクタル次元の求め方は以下の通りである．単位の領域として排水口の役割を担う中央のセルを選ぶ．この正方形は 1 辺の長さが h，つまり中心から辺までの距離は $h/2$ である．この $h/2$ という長さを基準にして，領域を r 倍に拡大しながらその中に含まれるネットワークセルの数を数える．このとき次に計測可能な領域のサイズは $r=2$ の h ではなく $r=3$ の $2/3h$ であることに注意しよう．偶数倍だと領域の周囲で区画がセルの中央を横切ってしまい，計測が困難になってしまうからである．したがって，3 倍，5 倍，7 倍，……，とサイズを奇数倍しながらその中に含まれるネットワークセルの個数 N_r を計測していく．このとき

$$D = \frac{\ln N_r}{\ln r}. \tag{6-3}$$

の関係が見つかれば，そのパターンはフラクタルであり，フラクタル次元は D ということになる．

　図 6-3 (e) の樹状パターンについて，領域サイズとその中に含まれるセル数を計測して両対数の方眼紙にプロットしたのが図 6-5 である．棒状のグラフにおいて，頂上の点はほぼ直線上に並ぶ．そこで最小 2 乗法によって回帰直線を決定し，その傾きからフラクタル次元を求めると，$D \sim 1.795$ の値が得られる．ネットワークセルの混み具合から判断して，妥当な値だろう．

　時間の経過につれてフラクタル次元 D の値は変化する．図 6-3 (a) は

点なので $D=0$ だとしても，その後，D の値は増え続け，$r=N+1$ の (f) では明らかに $D=2$ になる．円盤状のパターンを生成する図6-4 については，(a) を除くすべてについて，$D=2$ と判断するのが妥当だろう．

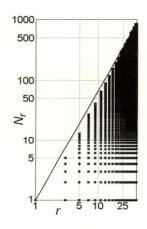

図 6-5 樹状ネットワークモデルによるパターンのフラクタル次元（セット I）．ここでは図6-3 (e) のパターンについて，そのフラクタル次元が算出されている．横軸はセルの1辺の長さを h として，領域の中心から $h/2$ 単位で計った倍率，縦軸は対応する正方形領域に含まれるネットワークセルの個数を表す．正方形領域がセルを完全に包含するためには横軸は奇数でなければならない．横軸の値が 10 のところに × 印が不在なのはそのためである．最小2乗法によって求めた回帰直線の傾きからフラクタル次元 D を算出する．その値は $D \sim 1.795$．

6-4-3 コンストラクタル理論と MEP 原理

続いて臨界セル1個とシミュレーション領域内の全セル平均について，u の値の時間変化を調べる．図6-6，図6-7 はセット I とセット II についての結果で，それぞれ先の図6-3，図6-4 における (b) の直前までの時間に対応する．ここで臨界セルの u の値とは MAX または MIN 選択規則に従って，直前のステップにおいてネットワークに追加された

第 6 章 樹状ネットワーク構造の形成とエントロピー生成率最大化（MEP）の原理

プラスワンのセル単独の値，また u の値の平均とは臨界セルかネットワークセルかに関わらず，全部で $41\times41=1681$ 個のすべての内部セルについての平均値である．図 6-6 (b) と図 6-7 (b) を比較すると，全セル

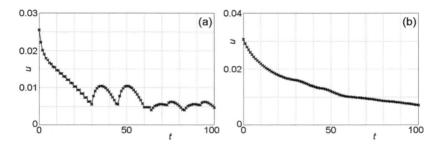

図 6-6 樹状ネットワークモデルによる臨界セル (a) と全セル平均 (b) の出力値の時間変化（セット I ）．2 つの図は図 6-3 における (a) の直前までの状況を示す．(a) はネットワークセルに変化したばかりの臨界セルの u の値，(b) は領域を構成する全セルの u の平均値で，ネットワークセルかどうかに関わらない．全てのステップにおいて，1 個ずつ $u>0$ の臨界セルから $u=0$ のネットワークセルが生まれるので，当然のことながらトータルの u の値は単調減少する．

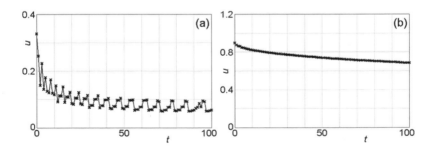

図 6-7 樹状ネットワークモデルによる臨界セル (a) と全セル平均 (b) の出力値の時間変化（セット II ）．2 つの図は図 6-4 における (a) の直前までの状況を示す．図 6-6 の (b) と比較して，単調減少のスピードが遅いことに注意する必要がある．

の平均値について，セットⅠのシミュレーションにおける u の減少率のほうがセットⅡでの減少率よりも大きいことが分かる．言うまでもなく，これは MAX 選択規則と MIN 選択規則の違いを反映した結果である．

ベヤン等のコンストラクタル理論によれば，面から点への流れのシステムについて，その構造は流れに対する全抵抗が最小になるように，かつ流体が最もアクセスし易いように最適化される[6]．本章の樹状ネットワークモデルが典型的な面から点への流れシステムであることは疑いない．セットⅠ，セットⅡの両シミュレーション結果は全面的な u の値の減少を示しており，コンストラクタル理論の予言と矛盾しないことを示している．つまり，樹状ネットワークモデルによる流れシステムも流れに対する全抵抗が最小になるように安定化しているのである．

しかし，これらの結果はプラスの u 値を持つ非ネットワークセルがゼロの u 値を持つネットワークセルに変換され続けるという樹状ネットワークモデルのシミュレーション内容を考慮すれば，驚くに当たらない．ここで問題になるのは u の値の減少率，すなわち減少のスピードである．図6-6(b)と図6-7(b)のシミュレーションが示すように，セットⅠではセットⅡのときよりもはるかに速いスピードで u の値が減少する．このシミュレーション結果は散逸構造の形成を促進するためには全エントロピーの減少スピード，つまり生成率が最大にならなければならないという MEP 原理を強く支持している．

6-5　河道形成モデル

この節のシミュレーションではより本物らしく，より自然に近い姿に見せるための技巧が用いられる．樹状ネットワークの形成にはポアッソン方

第6章 樹状ネットワーク構造の形成とエントロピー生成率最大化（MEP）の原理

程式と MAX 選択規則が欠かせないという図 6-3，図 6-4 などの結果に基づき，セット I のモデルを河道形成という自然現象に適用する[6,11,12]．このとき自然かつ現実的なシミュレーション結果を得るためには，乱数の導入を避けるわけにはいかない．

河道形成のシミュレーションも図 6-3 や図 6-4 と同じサイズの正方形エリアで行われる．このとき，初期状態において 1 個のセルが排水口として選ばれる．河道を形成するネットワークセルの u の値がすべて 0 ということは水が河道を抵抗なしに自由に流れることができることを意味している．

排水口を 3 つの異なった位置に設置した場合について，セット I によるシミュレーション結果を図 6-8 に示す．3 つの図とも同じ乱数表を用いている．排水口はそれぞれ (a) では左下隅に，(b) では下辺中央に，(c) では領域の中心に置かれていて，それらの位置は大きめの正方形に

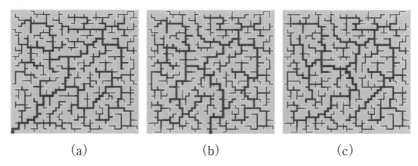

図 6-8 河道形成モデルによる樹状ネットワークパターン（セット I）．排水口はそれぞれ左下隅 (a)，下辺中央 (b)，領域中央 (c) に設置され，それらは大きめの正方形で描かれている．シミュレーションを自然状態に近づけるために乱数が導入され，出力を 0.5〜1.5 倍の範囲で変化させている．図 6-8 と次の図 6-9 で，シミュレーションはネットワークセルの総数が全セルの半分を超えて 841 セルになったところで終了する．時間が遅くなるほど河道は細く描かれる．

よって示されている．乱数は 0.5 から 1.5 の間に散りばめられ，それらは計算された u の値に乗じられる．それぞれのシミュレーションは河道を形成するネットワークセルの数が全セルの半数を超える，すなわち 841 個になるまで続けられる．

次にもう1つの樹状構造の形成が可能なシミュレーション設定，セットⅢを用いた同様な画像を図 6-9 に示す．セットⅠと同様にポアソン方程式と MAX 選択規則が用いられているが，境界条件がノイマン境界条件 ($\partial u/\partial n = 0$) に変更されている．この境界条件は境界を通じた水の出入りがないこと，つまり境界に近接するセルの u の値が境界のそれと等しいことを意味している．些細な違いはあるが，図 6-8 と図 6-9 との間に本質的な相違点は認められないと言ってよいだろう．使われている乱数表は図 6-8 のときと全く同じものである．

河道形成のシミュレーションに乱数が使われる根拠は何だろうか．自然の地形では土壌の質，樹木の生育状況などについて，場所による変動があることは言うまでもない．たとえ狭い地域であっても，降水量が一定という状況も考えにくい．こうした要因は正方形格子の乱れや入力値のばらつきとしてモデルに取り込まれなければならない．

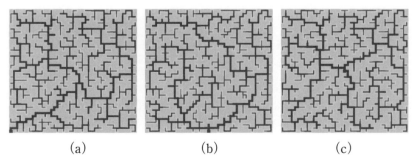

(a)   (b)   (c)

図 6-9 河道形成モデルによる樹状ネットワークパターン（セットⅢ）．セットⅢでは境界条件がノイマン境界条件 ($\partial u/\partial n = 0$) に変更される．排水口の位置は図 6-8 と同じで，乱数表も図 6-8 と同じものが使われている．

図 6-8 と図 6-9 では MAX 選択規則が使われているが，このとき隣接セルの中から u の値が最大のセルが次のネットワークセルとして選ばれている．しかし，厳密に言えば，選ばれるべきは u の値が最大のセルではなく，勾配が最大のセルである．勾配の計算には格子間の距離 h がダイレクトに影響を与える．勾配は u の値の差を h で割ることによって求めるからである．だとしたら u の値と乱数の積ではなく，商を計算して比較したほうが理に適っているのかもしれない．

しかし，自然界におけるすべての乱れの原因をモデルに取り込むには非常な困難が伴う．u の値に乱数を乗じても乱数で割っても，得られる画像に本質的な違いは確認できない．そこで本シミュレーションでは割るのではなく，掛けるほうを選んでいる．本章のモデルはあくまでも概念的なものである．より現実的なシミュレーション方法の開発は今後の課題としたい．

6-6 散逸構造の低エントロピー性と MEP 原理

MEP 原理によれば，外界との大量のエネルギーや物質の継続的な交換，十分な自由度，固定されない境界条件などの前提条件を満たしている物理学的または生物学的非平衡開放系はエントロピー生成率が最大になるような定常状態で存在している．一方で熱力学的平衡から遠く離れた状態で安定化する散逸構造は低いエントロピーによって特徴づけられる．一見，2 つの主張は互いに相容れないように聞こえる．散逸構造は最大量のエントロピーを生成するのに，なぜ低エントロピーなのか．2 つの主張の間でどう折り合いをつけ，和解させればよいのか．この問題に言及しよう．

ジレンマはシステムを内部と外部,すなわち内部の散逸構造と外部環境に分けて考えることにより解決する[6].図6-10において,2つの部分はそれぞれ濃い灰色と淡い灰色によって描き分けられている.まずシステム全体をエネルギー,熱,物質などが絶え間なく流れていることに注意する必要がある.システム内には供給源(Source)から吸収源(Sink)に向かうエネルギーや物質の急激な密度勾配があり,それに沿って大規模な拡散が起きている.例えば,地球を含む太陽系システムにおいて,熱の供給源は太陽であり,吸収源は広大な宇宙空間である.その結果,全システムには2つの流れが生まれる.その1つは外部環境の宇宙空間をダイレクトに拡散していき,もう1つは散逸構造としての地球を通過する.これらの流れは図6-10(a)において,黒い矢印によって示されている.

S_{int} と S_{ext} をそれぞれ散逸構造と外部環境において生成されるエントロピーとしよう.するとシステムの全エントロピー S_{tot} は S_{int} と S_{ext} の和によって表すことができる.

$$S_{tot} = S_{int} + S_{ext}. \tag{6-4}$$

さらに上式を微分すると,次の等式も導かれる.

$$\frac{dS_{tot}}{dt} = \frac{dS_{int}}{dt} + \frac{dS_{ext}}{dt}. \tag{6-5}$$

上述の外界と内界におけるエネルギーや物質の2つの流れに対応し,2種類のエントロピー生成が行われる.それらは外部環境におけるダイレクトな拡散によるエントロピー生成 σ_{Diff} と内部システム内におけるMEP原理によるエントロピー生成 σ_{MEP} である.この2つ以外に,内界から外界に向かうエントロピーの流れも存在するので,その生成率を $\sigma_{int \to ext}$ によって表す.その結果,システム内部におけるエントロピー生成 dS_{int}/dt と外部におけるエントロピー生成 dS_{ext}/dt はそれぞれ次のように表現されることになる.

$$\frac{dS_{int}}{dt} = \sigma_{MEP} - \sigma_{int \to ext}, \quad \frac{dS_{ext}}{dt} = \sigma_{Diff} + \sigma_{int \to ext}. \tag{6-6}$$

これらの過程におけるエントロピー生成は図 6-10 (b) に示されている．白い矢印は内界から外界に向かうエントロピーの流れ $\sigma_{int \to ext}$ である．

太陽のような熱源も外部環境に含まれると仮定すれば，そのシステ

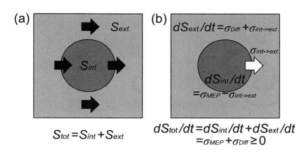

図 6-10 散逸構造の低エントロピー性と MEP 原理．内部の散逸構造と外部環境はそれぞれ中央の濃い灰色の円と周囲の淡い灰色部分によって示されている．(a) 黒い矢印はエネルギーと物質の流れを表し，それらは熱力学的平衡から遠く離れた散逸構造を実現する流れと外部環境における直接的な拡散に分流する．全システムの総エントロピー S_{tot} は散逸構造の分 S_{int} と外部環境の分 S_{ext} との和である．すなわち，$S_{tot} = S_{int} + S_{ext}$．(b) 全エントロピー生成率 dS_{tot}/dt についても，同様に散逸構造の分 dS_{int}/dt と外部環境の分 dS_{ext}/dt との和になる．$dS_{tot}/dt = dS_{int}/dt + dS_{ext}/dt$．散逸構造内のエントロピー生成率 dS_{int}/dt は MEP 原理によるもの σ_{MEP} と内部から外部環境に放出されるもの $\sigma_{int \to ext}$ との差で，後者は白い矢印によって表されている．外部環境では拡散による直接的なエントロピー生成 σ_{Diff} も起こる．したがって，2 つの領域のエントロピー生成はそれぞれ $dS_{int}/dt = \sigma_{MEP} - \sigma_{int \to ext}, \quad dS_{ext}/dt = \sigma_{Diff} + \sigma_{int \to ext}$ と表すことができる．もし全システムを孤立系と見なすことができれば，熱力学の第 2 法則も成り立たなければならない．それは次式によって保証される．$dS_{tot}/dt = \sigma_{MEP} + \sigma_{Diff} \geqq 0$．特に内部が定常状態にあるときは $dS_{int}/dt = 0$，すなわち $\sigma_{MEP} = \sigma_{int \to ext}$ も成り立つ．

ムはほぼ孤立していると見なすことができる．その結果，熱力学の第2法則の成立も要請されるようになるが，それは次のようにして確認することができる．

$$\frac{dS_{tot}}{dt} = \frac{dS_{int}}{dt} + \frac{dS_{ext}}{dt} = (\sigma_{MEP} - \sigma_{int \to ext}) + (\sigma_{Diff} + \sigma_{int \to ext}) \quad (6\text{-}7)$$
$$= \sigma_{MEP} + \sigma_{Diff} \geqq 0.$$

地球のような散逸構造をなす領域が太陽系というシステム全体の中ではわずかな部分しか占めていないことを考慮すれば，σ_{Diff} の量は σ_{MEP} のそれをはるかに凌駕するものになるだろう．

もし内部システムが定常状態にあるとすれば，この領域におけるエントロピー生成は相殺されて0になる．すなわち $dS_{int}/dt = 0$．このことは次の関係を導く．

$$\sigma_{MEP} = \sigma_{int \to ext}. \quad (6\text{-}8)$$

そこで MEP 原理に関して，次のような解釈が可能になる．

(1) 散逸構造を形成しているときのエントロピー生成は最大化される．

(2) 散逸構造が定常状態にあるとき，すなわち散逸構造内の全エントロピー生成率が0のとき，(1)のプロセスで生成されるエントロピーはすべて散逸構造から外界に移送される．

(3) その結果，散逸構造に残存するエントロピー量は最小化され，そのことが散逸構造の低エントロピー性を保証する．

この解釈によれば，散逸構造は大量のエントロピーを系外に捨てることによって低エントロピー状態を維持していることになる[6]．本章で提供された樹状ネットワークモデルのシミュレーション結果はこれらの解釈を強く支持している．

第6章　樹状ネットワーク構造の形成とエントロピー生成率最大化（MEP）の原理

6-7　錯綜するエントロピー理論の統合に向けて

　いささか長めの本章も数学的な補足説明を残すだけとなり，終わりに近づいてきた．熱力学の第2法則によってエントロピーは増え続けるにも関わらず，なぜ宇宙には低エントロピー状態が遍く存在するのか．これは古くは哲学者のベルグソン（Bergson）や物理学者のシュレディンガーをも虜にした謎であり，私自身がライフワークにしようと決めた研究テーマでもあった[1,15]．この章の内容はこの問題に関する私のこれまでの研究成果であり，現在の到達地点でもある．それらをまとめると，以下のように要約することができる．

(1) 有限差分法を援用した樹状ネットワークモデルは河道など，自然界に広く観察される樹状ネットワークパターンをシミュレーションする実用的かつ有効な手段である．

(2) 熱力学的平衡から遠く離れた状態とMEP原理を満たすようにデザインされた，具体的には表6-1のセットⅠとセットⅢによる樹状ネットワークモデルはフラクタルな樹状ネットワークパターンを生み出す．一方，孤立状態もしくは熱力学的平衡からそれほど離れていない状態とmEP原理を満たすようにデザインされた，具体的には表6-1のセットⅡのモデルは樹状ネットワークパターンを生成しない．このことは本章で提案された樹状ネットワークモデルがMEP原理の有効性と正当性を実証する概念的シミュレーションモデルになり得ることを示している．

(3) 大量のエネルギーや物質を散逸構造と外部環境との間で交換している非平衡開放系において，エントロピーは内側の散逸構造から外側の外部環境へ放出される．このときMEP原理に従ってエント

ロピーの放出は最大化される．散逸構造の低エントロピー性は大量のエントロピーを外部環境に捨てることによって保証される．しかし，散逸構造と外部環境を含んだ全システムのエントロピーは時間とともに増大し続ける．こうして MEP 理論と熱力学の第 2 法則との和解も成立する．

1865 年にクラウジウス（Clausius）がはじめて「エントロピー」という言葉を使用して以来，エントロピーに関する理論は未だに発展途上にあり，様々な解釈が錯綜している．本章の議論がそれらを統合する一助になることを期待している．

6-8　第 6 章の補遺
……有限差分法と連立 1 次方程式の効率的な解法

6-8-1　有限差分法

ポアソン方程式またはラプラス方程式による数値計算の方法はすでに確立しているが，パソコンによって多量のメモリと長大な計算時間を必要としない実用的なプログラムを作成することはそれほど容易ではない．コンピュータ支援工学（Computer Aided Engineering: CAE）の分野では，微分方程式で表された数理モデルを解析するために有限要素法（Finite Element Method: FEM），境界要素法（Boundary Element Method: BEM），有限差分法（Finite Difference Method: FDM）などのテクニックが考案されている．この章のようにシミュレーション領域が正方形の場合，全領域を同じサイズの規則正しい正方形格子に分割することは容易である．こうした境界が複雑に入り組んでいない領域のシミュレーションでは有限差分法がベストの選択である．原理が簡単で分

かり易いばかりでなく，シミュレーション速度も有限要素法や境界要素法よりずっと速い．したがって，本章のシミュレーションでは改良を加えた有限差分法を採用している．

有限差分法による計算は以下の通りである．まず，シミュレーション用のポアッソン方程式やラプラス方程式を次式によって差分化する．

$$\frac{\partial^2 u}{\partial x^2} = \frac{u(x+h, y) + u(x-h, y) - 2u(x, y)}{h^2},$$
$$\frac{\partial^2 u}{\partial y^2} = \frac{u(x, y+h) + u(x, y-h) - 2u(x, y)}{h^2}. \tag{6-9}$$

その結果，定式は次のように変形される．

$$\frac{u(x+h, y) + u(x-h, y) + u(x, y+h) + u(x, y+h) - 4u(x, y)}{h^2}$$
$$+ f(x, y) = 0. \tag{6-10}$$

$$-u(x, y-h) - u(x-h, y) + 4u(x, y) - u(x+h, y) - u(x, y+h)$$
$$= h^2 f(x, y). \tag{6-11}$$

次に領域を構成する全部で $(N+1) \times (N+1)$ 個のセルに，左下から右上に向かって 0 から $N \times (N+2)$ までの通し番号を振る．剰余と商を表す記号「%」，「/」を使えば，通し番号 n のセルの x 座標 n_x，y 座標 n_y，および n はそれぞれ次のように表すことができる．

$$n_x = n\%(N+1), \ n_y = n/(N+1), \ n = (N+1)n_y + n_x. \tag{6-12}$$

この通し番号を使って (6-11) 式を1次元配列で次のように書き換える．
$$-u[n-(N+1)] - u[n-1] + 4u[n] - u[n+1] - u[n+(N+1)] = h^2 f[n]. \tag{6-13}$$

ここで変数 n は 0 から $N \times (N+2)$ までの値を取る．$u[n]$ と $f[n]$ をそれぞれ u_n，f_n と略記すれば，$(N+1) \times (N+1)$ 個の方程式から成る次のような連立1次方程式に到達する．

$$\begin{pmatrix} A_{00} & A_{01} & \cdots & A_{0\,N(N+2)} \\ A_{10} & A_{11} & \cdots & A_{1\,N(N+2)} \\ \hline A_{N(N+2)\,0} & A_{N(N+2)\,1} & \cdots & A_{N(N+2)\,N(N+2)} \end{pmatrix} \begin{pmatrix} u_0 \\ u_1 \\ \hline u_{N(N+2)} \end{pmatrix} = h^2 \begin{pmatrix} f_0 \\ f_1 \\ \hline f_{N(N+2)} \end{pmatrix}. \quad (6\text{-}14)$$

(A_{ij}) は連立1次方程式を表す正方行列で,実際に要素を計算してみると対称行列,すなわち

$$A_{ij} = A_{ji}. \quad (6\text{-}15)$$

であることが分かる.

6-8-2 境界条件と連立1次方程式を表す正方対称行列

表6-1に示した3種類のシミュレーション設定,セットⅠ,Ⅱ,Ⅲについて,連立1次方程式(6-14)がコレスキー(Cholesky)法によって解かれる.行列要素 A_{ij} の値はセットによって少しずつ異なる.ここで具体的にセットⅠ,すなわちポアッソン方程式 ($f_i = 1,\ i = 0, 1, \cdots\cdots, N(N+2)$),ディリクレ境界条件 ($u = 0$) という条件の下で行列要素 A_{ij} ($i, j = 0, 1, \cdots\cdots, N(N+2)$) の値を求めてみよう.簡単に $N = 4$ とするが,この結果から実際の $N = 40$ の場合を推定することにそれほどの困難はないだろう.使う式は (6-13) を変形した

$$-u_{i-(N+1)} - u_{i-1} + 4u_i - u_{i+1} - u_{i+(N+1)} = h^2$$
$$(i = 0, 1, \cdots\cdots, N(N+2)). \quad (6\text{-}16)$$

で,境界条件を考慮して,u の下付き添字がマイナスとなる場合はすべて0とする.付図6-Aを参照しながら具体的にいくつか書き出してみると,

第6章　樹状ネットワーク構造の形成とエントロピー生成率最大化(MEP)の原理

$$
\begin{aligned}
&4u_0-u_1-u_5=h^2 \quad (i=0), \\
&-u_0+4u_1-u_2-u_6=h^2 \quad (i=1), \\
&\cdots\cdots\cdots\cdots \\
&-u_3+4u_4-u_9=h^2 \quad (i=4), \\
&-u_0+4u_5-u_6-u_{10}=h^2 \quad (i=5), \\
&-u_1-u_5+4u_6-u_7-u_{11}+h^2 \quad (i=6), \\
&\cdots\cdots\cdots\cdots \\
&-u_{19}-u_{23}+4u_{24}=h^2 \quad (i=24).
\end{aligned}
\tag{6-17}
$$

上記の連立1次方程式 (6-17) から係数を拾い出したのが付表6-A で,これから正方対称行列 (A_{ij}) のすべての要素を求めることができる.

	0	0	0	0	0	
0	u_{20}	u_{21}	u_{22}	u_{23}	u_{24}	0
0	u_{15}	u_{16}	u_{17}	u_{18}	u_{19}	0
0	u_{10}	u_{11}	u_{12}	u_{13}	u_{14}	0
0	u_5	u_6	u_7	u_8	u_9	0
0	u_0	u_1	u_2	u_3	u_4	0
	0	0	0	0	0	

付図6-A　連立1次方程式を導くための付図 (セットⅠ, $N=4$)

付表 6-A 行列要素を求めるための付表（セット I, $N=4$, $h=1/(N+1)$）

	0	1	2	3	4	5	6	7	8	9	10	11	12	13	14	15	16	17	18	19	20	21	22	23	24	
0	4	−1				−1																				h^2
1	−1	4	−1				−1																			h^2
2		−1	4	−1				−1																		h^2
3			−1	4	−1				−1																	h^2
4				−1	4					−1																h^2
5	−1					4	−1				−1															h^2
6		−1				−1	4	−1				−1														h^2
7			−1				−1	4	−1				−1													h^2
8				−1				−1	4	−1				−1												h^2
9					−1				−1	4					−1											h^2
10						−1					4	−1				−1										h^2
11							−1				−1	4	−1				−1									h^2
12								−1				−1	4	−1				−1								h^2
13									−1				−1	4	−1				−1							h^2
14										−1				−1	4					−1						h^2
15											−1					4	−1				−1					h^2
16												−1				−1	4	−1				−1				h^2
17													−1				−1	4	−1				−1			h^2
18														−1				−1	4	−1				−1		h^2
19															−1				−1	4					−1	h^2
20																−1					4	−1				h^2
21																	−1				−1	4	−1			h^2
22																		−1				−1	4	−1		h^2
23																			−1				−1	4	−1	h^2
24																				−1				−1	4	h^2

左上から順に数値を拾い出すと，すべての行列要素 A_{ij} の値を求めることができる．$A_{00}=4, A_{01}=-1, A_{05}=-1, A_{10}=-1, A_{11}=4, \cdots\cdots, A_{24\,24}=4.$
空白はすべて 0．

同様にセットⅢ，すなわちポアッソン方程式（$f_i = 1, i = 0, 1,$ ……, $N(N+2)$），ノイマン境界条件（$\partial u/\partial \bm{n} = 0$）という条件の下では付図6-B，付表6-Bのようになる．

	u_{20}	u_{21}	u_{22}	u_{23}	u_{24}	
u_{20}	u_{20}	u_{21}	u_{22}	u_{23}	u_{24}	u_{24}
u_{15}	u_{15}	u_{16}	u_{17}	u_{18}	u_{19}	u_{19}
u_{10}	u_{10}	u_{11}	u_{12}	u_{13}	u_{14}	u_{14}
u_5	u_5	u_6	u_7	u_8	u_9	u_9
u_0	u_0	u_1	u_2	u_3	u_4	u_4
	u_0	u_1	u_2	u_3	u_4	

付図 6-B 連立1次方程式を導くための付図（セットⅢ，$N = 4$）

付表 6-B 行列要素を求めるための付表 (セットⅢ, $N=4$, $h=1/(N+1)$)

	0	1	2	3	4	5	6	7	8	9	10	11	12	13	14	15	16	17	18	19	20	21	22	23	24	
0	2	-1				-1																				h^2
1	-1	3	-1				-1																			h^2
2		-1	4	-1				-1																		h^2
3			-1	3	-1				-1																	h^2
4				-1	2					-1																h^2
5	-1					3	-1				-1															h^2
6		-1				-1	4	-1				-1														h^2
7			-1				-1	4	-1				-1													h^2
8				-1				-1	4	-1				-1												h^2
9					-1				-1	3					-1											h^2
10						-1					3	-1				-1										h^2
11							-1				-1	4	-1				-1									h^2
12								-1				-1	4	-1				-1								h^2
13									-1				-1	4	-1				-1							h^2
14										-1				-1	3					-1						h^2
15											-1					3	-1				-1					h^2
16												-1				-1	4	-1				-1				h^2
17													-1				-1	4	-1				-1			h^2
18														-1				-1	4	-1				-1		h^2
19															-1				-1	3					-1	h^2
20																-1					2	-1				h^2
21																	-1				-1	3	-1			h^2
22																		-1				-1	4	-1		h^2
23																			-1				-1	3	-1	h^2
24																				-1				-1	2	h^2

6-8-3 コレスキー法による連立 1 次方程式の解法

　樹状ネットワークモデルの核となるポアッソン方程式やラプラス方程式の取り扱いにおいて，非常に多くの未知数を含む連立 1 次方程式を解く作業を避けて通るわけにはいかない．この章のシミュレーションでは未知の変数の数は最大 $41 \times 41 = 1681$ 個にも及ぶ．しかし，連立 1 次方程式を記述する要素数 1681×1681 の正方行列は対称なので，**コレスキー法**を用いることができる．この方法を使えば，時間の節約と労力の軽減が十分に可能になる．

　ここではコレスキー法についての詳しい説明は省略し，結果だけを記す．新たに対角要素が 1 で，その左下部分が 0 の 3 角行列 B と対角行列 D を導入する．

$$A = \begin{pmatrix} A_{00} & A_{01} & \cdots & A_{0\,N(N+2)} \\ A_{10} & A_{11} & \cdots & A_{1\,N(N+2)} \\ \hdashline A_{N(N+2)\,0} & A_{N(N+2)\,1} & \cdots & A_{N(N+2)\,N(N+2)} \end{pmatrix},$$

$$B = \begin{pmatrix} 1 & B_{01} & \cdots & B_{0\,N(N+2)} \\ 0 & 1 & \cdots & B_{1\,N(N+2)} \\ \hdashline 0 & 0 & \cdots & 1 \end{pmatrix}, \qquad (6\text{-}18)$$

$$D = \begin{pmatrix} D_{00} & 0 & \cdots & 0 \\ 0 & D_{11} & \cdots & 0 \\ \hdashline 0 & 0 & \cdots & D_{N(N+2)\,N(N+2)} \end{pmatrix}.$$

B の転置行列を B^T とすると，A を次の形に分解することができる．

$$A = B^T D B. \qquad (6\text{-}19)$$

このときの B と D の要素は以下の式から求める．

$$D_{00} = A_{00},$$
$$B_{0j} = A_{0j}/D_{00} \quad (j = 1, 2, \cdots, N(N+2)),$$
$$D_{ii} = A_{ii} - \sum_{k=0}^{i-1} B_{ki}^2 D_{kk} \quad (i = 1, 2, \cdots, N(N+2)), \quad (6\text{-}20)$$
$$B_{ij} = \left(A_{ij} - \sum_{k=0}^{i-1} B_{kj} D_{kk} B_{ki} \right) / D_{ii}$$
$$(i = 1, 2, \cdots, N(N+2)-1,\ j = i+1, i+2, \cdots, N(N+2)).$$

コレスキー法を利用すると，個々の方程式に数値を掛け，足したり引いたりして未知変数を消去する作業が不要になり，計算時間の大幅な短縮につながる．

6-8-4 樹状ネットワークモデルのアルゴリズム

樹状ネットワークモデルによる計算手順は以下の通りである．初期状態でネットワークの種子，すなわち排水口が領域中央に置かれた場合，そこでの u の値は 0 なので，$u_{N(N+2)/2} = 0$．それにつれて，該当する左辺の行列要素と右辺の f の値が次のように変わる．

$$A_{N(N+2)/2\ N(N+2)/2} = 1,$$
$$A_{i\ N(N+2)/2} = A_{N(N+2)/2\ i} = 0 \quad (i = 0, 1, \cdots, N(N+2),\ i \neq N(N+2)/2),$$
$$f_{N(N+2)/2} = 0. \quad (6\text{-}21)$$

図 6-2 はセット I，II，III について，この時点での u の値を示している．

シミュレーションのステップごとに，すべての u の値が有限差分法とコレスキー法によって計算し直され，シミュレーション領域に再分配される．そして，現在のネットワークに隣接する臨界セルの中から選択規則 MAX または MIN の条件に合致する 1 個が選ばれ，ネットワークセルに変わる．例えば，n 番目のセルが新しくネットワークセルに変わっ

たとすると，$u_n = 0$．そして，次の行列要素と f の値が変更され，更新される．

$$A_{nn} = 1,$$
$$A_{in} = A_{ni} = 0 \quad (i = 0, 1, \cdots, N(N+2),\ i \neq n), \tag{6-22}$$
$$f_n = 0.$$

これらはシステムに新しい境界条件を課する．そして，次の計算が再スタートする．こうして計算プロセスが繰り返され，シミュレーションが進行するにつれて u の値が 0 のネットワークセルが 1 つずつ増えていく．その結果，樹状ネットワークパターンが次第に成長していく．

ここで終わりにしてもよいが，最後に計算時間を短縮するためのひと工夫がある．それは (6-21)，(6-22) などによって u の値が確定した行と列を取り除いてから計算することである．こうすればシミュレーションのステップごとに計算に使う行列のランクが 1 ずつ減っていき，計算時間は加速度的に短くなっていく．こうした方法を駆使すると，例えば，図 6-8 や図 6-9 の描画時間は私の装置で約 1 時間になる．

第 6 章の参考文献

(1) シュレディンガー, E. 岡小天，鎮目恭夫共訳 (1951) 生命とは何か―物理学者のみた生細胞―．岩波新書．原著：Schrödinger, E. (1944) What is life? The physical aspect of the living cell. Cambridge University Press.

(2) ニコリス, G., プリゴジン, I. 相沢洋二，小畠陽之助共訳 (1980) 散逸構造―自己秩序形成の物理学的基礎―．岩波書店．原著：Nicolis, G., Prigogine, I. (1977) Self-organization in nonequilibrium systems: From dissipative structures to order through fructuations. John Wiley & Sons, New York.

(3) プリゴジン, I. 小出昭一郎，安孫子誠也共訳 (1984) 存在から発展へ―物理科学における時間と多様性―．みすず書房．原著：Prigogine, I. (1980) From being to becoming: Time and complexity in the physical sciences. W.H. Freeman and Company, San Francisco.

(4) プリゴジン, I., スタンジェール, I. 伏見康治, 伏見讓, 松枝秀明共訳 (1987) 混沌からの秩序. みすず書房. 原著:Prigogine, I., Stengers, I. (1984) Order out of chaos: Man's new dialogue with nature. Bantam Books, New York.

(5) ニコリス, G., プリゴジン, I. 安孫子誠也, 北原和夫共訳 (1993) 複雑性の探究. みすず書房. 原著:Nicolis, G., Prigogine, I. (1989) Exploring complexity: An introduction. W.H. Freeman and Company, New York.

(6) Kleidon, A., Lorenz, R.D. (2004) Entropy production by Earth system processes. In: Kleidon, A., Lorenz R.D., Eds., Non-equilibrium thermodynamics and the production of entropy: Life, Earth, and beyond, Springer-Verlag, 1-20.

(7) Serizawa, H., Amemiya, T., Itoh, K. (2014) Tree network formation in Poisson equation models and the implications for the Maximum Entropy Production principle. Natural Science, 6:514-527.

(8) Bejan, A. (2007) Constructal theory of pattern formation. Hydrology and Earth System Sciences, 11:753-768.

(9) Kleidon, A. (2010) Life, hierarchy, and the thermodynamic machinery of planet Earth. Physics of Life Reviews, 7:424-460.

(10) Bejan, A. (2010) Design in nature, thermodynamics, and the constructal law. Comment on "Life, hierarchy, and the thermodynamic machinery of planet Earth" by Kleidon. Physics of Life Reviews, 7:467-470.

(11) Kleidon, A. (2010) Life as the major driver of planetary geochemical disequilibrium. Reply to comments on "Life, hierarchy, and the thermodynamic machinery of planet Earth". Physics of Life Reviews, 7:473-476.

(12) マンデルブロ, B.B. 広中平祐監訳 (1985) フラクタル幾何学. 日経サイエンス. 原著:Mandelbrot, B.B. (1982) The fractal geometry of nature. Freeman, San Francisco.

(13) Rodriguez-Iturbe, I., Rinaldo, A. (1997) Fractal river basins: Chance and self-organization. Cambridge University Press.

(14) Errera, M.R., Bejan, A. (1998) Deterministic tree networks for river drainage basins. Fractals, 6:245-261.

(15) ベルグソン, H. 真方敬道訳 (1979) 創造的進化. 岩波文庫.

第7章
Javaグラフィックライブラリ

第7章のキーワード：
サブクラス，システム座標系，Javaグラフィックライブラリ，メインクラス，ユーティリティ座標系．

7-1 プログラミング言語に習熟することのメリット
7-2 Javaグラフィックライブラリの概要
  7-2-1 ユーザ定義クラス
  7-2-2 クラス間の継承関係
7-3 16色カラーモードと256色カラースペクトル
  7-3-1 16色カラーモード
  7-3-2 256色カラースペクトル
7-4 システム座標系とユーティリティ座標系
7-5 描画フレームの作成

7-1　プログラミング言語に習熟することのメリット

　写真を除けば，本書に掲載されたほぼすべての図版は自作の Java プログラムによって描かれている．冒頭でも述べたように，複雑系の研究者にとって，何かのプログラミング言語に習熟していることのメリットは計り知れない．苦労してプログラムを組んで実行した後，自分が思い描いていた図形がパソコン画面上に現れたときの喜びはたとえようもない．これによって内容を理解できたことも確認できるし，次のステップに進もうという意欲も湧いてくる．私のプログラミング歴は Basic に始まって C 言語，C++ を経た後，今世紀に入ってからは Java に落ち着いた．もう Java に特化して 10 年以上になり，今ではそれ以外の言語は使っていない．

　私の場合，Java はプログラミング自体が目的ではなく，あくまでも研究のための手段に過ぎない．もちろん使い易くするための工夫は欠かさなかったつもりが，はじめから誰かに見せることは想定していない．自分で分かればよいので，プログラムにコメント等はほとんど入っていない．

　効率よくプログラムを組むことを目的として，私は専用の **Java グラフィックライブラリ**を作成し，これを使い続けている．これは C 言語や C++ 以来の私の流儀である．使う頻度が高いモジュールやルーチンをメソッドの形で別なファイルに定義しておけば，個々のプログラムの中で定義し直す必要はない．しかし，長い間，使い続けた結果，私のライブラリは増築や改築を繰り返した老舗旅館のようになってしまった．迷路のように入り組んでいて，非常口への経路さえよく分からない．作り直せばよいと思うかもしれないが，実はそれは非常に困難である．例えば，ライブラリに定義されているメソッド名や引数の型を変え

たとしよう．するとそれらのメソッドを使っていたプログラムはすべて動かなくなる．全部，書き直さなければならない．そのような作業は非常に手間がかかり，とてもやろうという気になれない．したがって，私が使っているグラフィックライブラリを手直しせず，そのまま収録することにした．本書では使われないメソッドも数多く含まれているが，特にそれらを省いていない．不満足な読者が私のライブラリを勝手に改作し，自分流のものに仕立て直すことは大歓迎である．

2015年1月現在，本書のJavaによるシミュレーションプログラムの動作環境は次の通りである．使用したコンピュータは市販されているSONY社製VAIOシリーズのノートパソコンで，OSはWindows 8.1を装備している．そして，プログラムのコンパイル，実行はBorland社によるフリーバージョンの統合開発環境ソフト Turbo JBuilder 2007 日本語版によっている．それ以外に特別な装備品は何もない．どこにでもあるごくありふれた動作環境だと思う．

7-2　Java グラフィックライブラリの概要

7-2-1　ユーザ定義クラス

グラフィックスにおいては，たった1つの図形を描くにしても，事前にいろいろな作業が必要になる．サイズや位置など，最も基本的な情報を保有するオブジェクトを生成することはもちろんであるが，それ以外にも様々な属性を指定しなければならない．例えば，どんな色を使うか，輪郭線の太さはどれくらいにするか，線種はどうするかといったことである．内部を塗りつぶすとしたら，パターンを設定する必要もある．その後でやっと描画メソッドの呼び出しとなる．通常，事前に複

153

数個のオブジェクト生成と複数回のメソッド呼び出しが必要になる．

　特定の仕事を行う一連のモジュールを独立したメソッドとして定義するのは構造化プログラミングの鉄則である．これを Java グラフィックスにも適用する．輪郭だけの図形を描くとしたら，そのためのメソッドは図形のサイズと位置，輪郭線の色などを指定する引数を持つことになる．内部を塗りつぶす図形を描くとしたら，サイズと位置の他に，少なくともフィルカラーの指定は必要である．

　ここで問題になるのは引数の選び方である．引数が多すぎると，機能的には融通が利くが，かえって使いにくいメソッドになってしまう．そこで，それほど重要でない属性を固定し，引数の数を最小限度に抑えるといった妥協が必要になる．具体的に本書の直線を除く図形（長方形，円など）の描画メソッドでは，輪郭線の線種は実線，太さは 1 に，フィルパターンはべた塗りにそれぞれ固定されている．

　一般に独立した図形を描くようなメソッドはどんなプログラムでも共通で，再利用可能であると考えられる．このように汎用的なメソッドを別なファイルで定義し，共通の資産として活用する方法を考えよう．そこで次の段階として，ユーザ定義したメソッドを特定のソースファイルにまとめるという作業が必要になる．このような汎用メソッドを集めたクラスを定義する Java のソースファイルは C++ のヘッダファイルに相当する．

　再利用可能なメソッドを集めたソースファイルの作成はプログラムを簡素化する最も効果的な方法である．様々な変数やオブジェクト，メソッドを機能別に分類し，ソースファイルごとにまとめる．そして，個々のソースプログラムを書くときは，冒頭でそれらのソースファイルをインポートし，定義ずみのオブジェクトやメソッドを利用する．そうすれば，何回も同じ定義を繰り返す手間を省くことができ，個々のメインプログラムを短く簡潔に記述することが可能になる．

もちろん，このような作業はJavaの設計者によって，ある程度までなされている．そもそもJava APIは利用価値の高いクラスやメソッドを提供するクラスライブラリである．私はJava APIにさらに手を加え，自分にとってより使い易いように合計23個のクラスからなるグラフィックライブラリを設計した．本書ではそれらの中の11個のクラスを使って個々のソースプログラムを作成している．たった1つのプログラムでしか利用されないクラスもあるが，それも省かずに含まれている．Javaグラフィックライブラリを利用することによって，プログラマの負担は大きく軽減されるはずである．

　本書で使用するJavaグラフィックライブラリのクラスは表7-1の11個で，これらはすべてxxxというパッケージにまとめられている．システムが提供するJava APIと区別するために，11個のユーザ定義クラスはすべて頭に大文字の「X」を付けて命名される．グラフィックライブラリの中でXFrameはアプリケーション作成用のクラスである．本書で作成するJavaプログラムはすべてアプリケーションで，アプレットは含まれない．

　なお，私は2001年にJavaグラフィックライブラリを利用したグラフィックスの解説書『Javaグラフィクス完全制覇』を技術評論社から出版したので，必要があれば参考にしてほしい[1]．ただし，当時のライブラリにXAlgebraとXAnalysisは含まれていない．

表 7-1 Java グラフィックライブラリのクラス

クラス	パッケージ	名称
XAlgebra	xxx	代数学クラス
XAnalysis	xxx	解析学クラス
XColor	xxx	カラークラス
XFrame	xxx	フレームクラス
XGraphics	xxx	グラフィックスクラス
XGraphics3D	xxx	3次元グラフィックスクラス
XMath	xxx	演算クラス
XPointD	xxx	2次元座標クラス
XPointD3	xxx	3次元座標クラス
XTimer	xxx	時間計測クラス
XTurtle	xxx	タートルグラフィックスクラス

7-2-2　クラス間の継承関係

　本書の Java グラフィックライブラリに含まれる 11 個のクラスは，メンバにメソッドを所有する 9 個のクラスとコンストラクタ以外のメソッドを持たない，すなわちオブジェクト作成専用の 2 個のクラス XPointD と XPointD3 に分かれる．前者の 9 個のクラスのうち，XAlgebra, Xanalysis, XColor, XMath の 4 個は static メソッドのみを定義する final クラスである．したがって，これらのクラスのオブジェクトが作成されることはなく，定義されているメソッドはすべてクラス名によって呼び出される．もちろん継承関係にも含まれない独立したクラスである．

　一方，メソッドを定義する 9 個のクラスうちの 4 個，XFrame, XGraphics, XGraphics3D, XTurtle は何らかの形で継承関係に組み込まれており，それらの階層図が図 7-1 に示されている．図 7-1 の中で，太線で囲んだ JFrame はシステムが提供する Java API のクラス，また 2 重線で囲んだ Fxxxx は個々のソースプログラムの本体となる**メインクラス**を表し，章ごとに図を指定する通し番号で命名される．例えば，ク

ラス名がF0201だとしたら，これは第2章の図2-1を描くソースプログラムであることを示している．

グラフィックライブラリのユーザ定義クラスがxxxパッケージに属するのに対し，メインクラスのパッケージは章ごとに指定される．例えば，第2章のソースプログラムのメインクラスが所属するパッケージはすべてf02である．これらのクラスをコンパイルすると，メインクラスのclassファイルはf02などのディレクトリに，またグラフィックライブラリのclassファイルはxxxディレクトリに出力される．

Javaグラフィックライブラリにおけるクラス間の継承関係はJFrameを継承する系列とXGraphicsを起点とする系列の2つに分かれる．JFrameを継承する第1の系列はプログラムの本体を形成し，Fxxxxの形で命名されるメインクラスはこの系列の末端にXFrameの**サブクラス**として定義される．したがって，この系列はシステムが提供するJava APIのクラスライブラリに接続される．

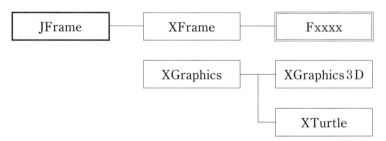

図7-1 Javaグラフィックライブラリの階層図．太線で囲まれたJFrameはシステムが提供するJava APIのクラス，2重線で囲まれたFxxxxは個々のソースプログラムの本体となるメインクラスを表す．XGraphics 3Dは図5-1 (a) と (b) を描くF0501aとF0501bにおいて，XTurtleは図3-3左側挿入図を描くF0303aにおいてのみ使用される．他のすべてのプログラムではFxxxxにおいてXGraphicsオブジェクトが生成される．

XGraphicsを起点とする第2の系列は描画を司る最も重要なオブジェクトを生成する．この系列に含まれる3個のクラス XGraphics, XGraphics 3D, XTurtle は Java グラフィックライブラリの中枢に位置し，グラフィックスのための様々な描画メソッドやユーティリティメソッドをユーザ定義している．

　メンバにメソッドを含むクラスの中で，代数学的計算のための XAlgebra, 解析学的計算のための XAnalysis, カラー操作のための XColor, 演算メソッドを定義する XMath, 描画時間計測メソッドを定義する XTimer の5つは継承関係と無関係に単独で存在し，final クラスとして定義される．特に XMath クラスでは Java API の Math に倣って，様々な座標オブジェクトに対する演算をサポートする static メソッドが数多く定義されている．定義している演算は加減乗除や絶対値，内積，外積の取得などである．オブジェクト，メソッドを含め，XAlgebra, XAnalysis, XColor, XMath のメンバはすべて static である．一方，XTimer クラスは描画時間を測定するオブジェクトを生成する．本書において，描画に最も長時間を要するプログラムは第6章の図6-8, 図6-9 などを描くもので，現在，私が使っているシステムによる描画時間は約1時間である．

　2つの座標クラス XPointD, XPointD 3 も継承関係には含まれない独立クラスとして定義される．これらのクラスは2次元，3次元の double 型座標オブジェクトを生成し，拡張したデータ型として機能する．データメンバだけを持ち，コンストラクタ以外のメソッドを含まない．これら2つのクラスも final クラスである．

7-3　16色カラーモードと256色カラースペクトル

7-3-1　16色カラーモード

　DOSの頃からのプログラマならば16色カラーモードはお馴染みだろう．0から15までの通し番号によって色を指定する方法は非常に分かりやすく，かつ使いやすいものだった．この習慣が忘れられない私はデフォルトカラーのような文字定数による色の指定にあまり馴染むことができない．適当な規則に従って並べた色をカラー番号によって指定する方法が最も使い易いように思える．そこで標準的に使用するJava用の16色を選び出そう．16色カラーモードの各色は表7-2のような配色で選ばれている．

表7-2　16色カラーモード

カラー番号	描画カラー	赤 (R)	緑 (G)	青 (B)
0	黒	0	0	0
1	青	0	0	255
2	緑	0	255	0
3	水色	0	255	255
4	赤	255	0	0
5	紫	255	0	255
6	黄色	255	255	0
7	白	255	255	255
8	明るい灰色	192	192	192
9	明るい青	128	128	255
10	明るい緑	128	255	128
11	明るい水色	128	255	255
12	明るい赤	255	128	128
13	明るい紫	255	128	255
14	明るい黄色	255	255	128
15	暗い灰色	128	128	128

7-3-2　256色カラースペクトル

　16色カラーモードの各色は互いにはっきり区別できる．したがって，グラデーションがかかった微妙に変化する色合いを表現することができない．そこで，16色カラーモード以外に256色からなるカラースペクトルも作成する．

　カラースペクトルはある色からある色へと緩やかに変化する色の勾配である．これらの色は256段階に分けて0から255までのカラー番号に登録される．本書で使用する256色のカラースペクトルはそれぞれ循環スペクトル，アオコスペクトルと名づけられた2種類である．すべてのカラースペクトルにおいて，開始色，終了色の指定は16色カラーモードの番号に従って行う．

　循環スペクトルは青→水色→緑→黄色→赤→紫→青というサイクルを循環するリング状のカラースペクトルである．スペクトルの開始を表すカラー番号cは，16色モードにより1から6までの範囲で指定されます．例えば，c=1とすると，スペクトルは青（カラー番号1）から始まって，水色→緑→黄色→赤→紫の順に変移し，一巡して再び最初の青に戻る．もう1つのアオコスペクトルは文字通りアオコの分布状況を描写するために作成されたカラースペクトルで，澄んだ青からアオコに汚染された緑または黄色までを段階的に変化する．

　本書ではバックグラウンドカラーには16色カラーモードを，また描画カラーには16色カラーモードまたは256色カラースペクトルを使っている．デフォルトの文字定数による色の指定は行わない．

7-4 システム座標系とユーティリティ座標系

Java が描く図形はフレームの描画領域に表示される．1つのフレームは縦横何ピクセルかの点によって構成されるが，これらの点の位置はフレーム領域左上を原点にして，右向きに X 軸 + 方向，下向きに Y 軸 + 方向という**システム座標系**によって指定される．システム座標系における点の位置を (X, Y) によって表そう．本書で作成するフレーム領域は縦 1024 ピクセル，横 768 ピクセルからなるので，システム座標系における2つの座標 X, Y の変域は，

$$0 \leq X \leq 1023, \quad 0 \leq Y \leq 767. \qquad (7\text{-}1)$$

という範囲になる．

しかし，システム座標系はあまり使いやすいものではない．我々が

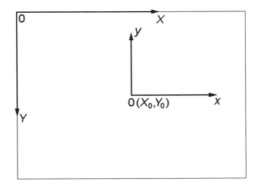

図 7-2 システム座標系とユーティリティ座標系 ($k=1$)．システム座標系はシステム固有の座標系で，画面左上を原点，X 軸 + 方向を右向き，Y 軸 + 方向を下向きとする．一方，ユーティリティ座標系は描画に便利なようにユーザが独自に設定した座標系で，ほとんどの場合，原点は画面中央に置かれる．さらに $k=1$ の場合は x 軸 + 方向を右向き，y 軸 + 方向を上向きとする．

机上で図形を描くときは紙面の中央付近に原点を取り，右向きに x 軸 + 方向，上向きに y 軸 + 方向という座標系を使うことが多いからである．そこで画面上にそのような仮想座標系を導入する．システム座標系に対し，これを**ユーティリティ座標系**と名づける．

　ユーティリティ座標系の点を (x, y) によって表し，システム座標系の点 (X_0, Y_0) をユーティリティ座標系の原点に設定する．$k = 0$ のとき y 軸は下向き，$k = 1$ のとき y 軸は上向きとすると，(X, Y) と (x, y) との間の関係は次のように表すことができる．

$$X = x + X_0,$$
$$Y = (1-2k)y + Y_0. \qquad (7\text{-}2)$$

本書ではユーティリティ座標系を標準的な座標系として用いるが，システムは (X, Y) によって点の位置を認識するので，システム座標系に戻すための座標変換は不可欠である．

　本書の Java グラフィックライブラリにおいて，ユーティリティ座標からシステム座標への変換はすべて XGraphics クラスの各描画メソッドの内部で行われる．したがって，メインクラスを含む個々のソースプログラムを記述する際にシステム座標系を意識する必要はない．ユーティリティ座標系の中だけで考えていればよい．

　本書のほとんどのプログラムにおいて，画面中央を原点，x 軸を右向き，y 軸を上向きとするユーティリティ座標系が採用される．ただし，ユーティリティ座標系において，数式を操作するときに使われる double 型実数座標から画面に描画するときに使われる int 型ピクセル座標への変換は各ソースプログラムにおいて行う必要がある．

7-5　描画フレームの作成

　絵を描くためにはキャンバスが必要である．それと同様，コンピュータグラフィックスの場合もまず地となる画面を用意しなければならない．Javaにおいて，この画面は**フレーム**と呼ばれる．

　本書で使用する描画フレームは次の形に統一されている．すなわちサイズは 1024×768，バックグラウンドカラーは白，そして，左上隅に「Start」,「Clear」,「Exit」という3つのボタンが縦に並び，上部のバーにプログラムのタイトルが表示される．3つのボタンはそれぞれ描画の開始，画面の消去，プログラムの終了を実行するためのもので，フレームにこれら以外の GUI コンポーネントが置かれることはない．本来のアプリケーションであれば，数値入力や機能選択のためのリスト，テキストフィールド，コンボボックスなども加えるべきかもしれない．しかし，このような GUI コンポーネントを作成すれば，それだけソースプログラムは長くなる．本書の目的はあくまでも複雑系の研究であり，ソースプログラムはできるだけ簡潔にしたい．そこでパラメータの数値などは，直接，ソースプログラムに書き込みようにした．変更したい場合は，ソースプラグラムの数値を入力し直してから，再度，コンパイルを実行する．コンパイル，実行はごく短時間ですむので，このような方式でも少しも不便を感じることはないだろう．

　図7-3はこうして作成されたフレームの「Start」ボタンを押す前の状態である．この画面は本書のすべてのプログラムにおいて共通である．フレームの下部が Windows のツールバーと重なっているが，特に問題はないだろう．

この章の最後に上記の図7-3を描くスケルトンプログラムのソースリストを掲載しておこう．これが本書のすべてのプログラムの骨格となる．「Start」ボタンを押すとmyPaintメソッドが呼び出されるが，今は空欄なので何も実行されない．他のプログラムのようにmyPaintメソッドに具体的な描画手続きが記載されていれば，その内容が実行される．ほとんどのプログラムにおいて，グローバル変数や微分方程式の定義，ルンゲ＝クッタ法による近似などを実行するための様々なprivateメソッドが追加されている．

図 7-3 描画フレームの作成．本書のすべてのプログラムにおける初期画面で，GUIコンポーネントは左上隅に配置された3つのボタンのみである．それぞれ「Start」ボタンは描画の開始を，「Clear」ボタンは画面の消去を，「Exit」ボタンはプログラムの終了を実行する．

// 描画フレームの作成

```java
package f07;

import java.awt.*;
import java.awt.event.*;
import javax.swing.*;
import xxx.*;

public class F0703 extends XFrame implements ActionListener
{   String[]file={"Start","Clear","Exit"};
    JButton[]bt=new JButton[file.length];
    XGraphics XG;

    private void myPaint ()
    {}

    public F0703 ()
    {   super ();
        initFrame (1024,768,XColor.Color16[7]," 描画フレームの作成 ");
        Container cp=getContentPane ();
        cp.setBackground (getBackground ());
        cp.setLayout (new FlowLayout (FlowLayout.LEFT));
        JPanel pn=new JPanel ();
        pn.setLayout (new GridLayout (file.length,1));
        for (int i=0;i<file.length;i++)
        {   bt[i]=new JButton (file[i]);
            bt[i].addActionListener (this);
            pn.add (bt[i]);
        }
        cp.add (pn);
        setVisible (true);
```

```
        XG=new XGraphics(getGraphics());
    }

    public static void main(String[]argv)
    {   F0703 app=new F0703();
    }

    public void actionPerformed(ActionEvent evt)
    {   if(evt.getSource()==bt[0])
            myPaint();
        if(evt.getSource()==bt[1])
            repaint();
        if(evt.getSource()==bt[2])
        {   dispose();
            System.exit(0);
        }
    }
}
```

第7章の参考文献
(1) 芹沢浩 (2001) Java グラフィクス完全制覇. 技術評論社.

第8章
Javaで描く複雑系 ── サンプルプログラム集 ──

第8章のキーワード：
グローバル変数，実数座標，Javaグラフィックライブラリ，ピクセル座標，メインクラス，ユーティリティ座標系．

8-1 サンプルプログラムについて
8-2 メインクラスのグローバル変数とメソッド
 8-2-1 実数座標とピクセル座標
 8-2-2 グローバル変数
 8-2-3 メソッド
8-3 サンプルプログラム集
 8-3-1 常微分方程式によるカオス（F0106a）
 8-3-2 反応・拡散方程式による時空間カオス（F0402f）
 8-3-3 河道形成モデルによる樹状ネットワークパターン（F0608c）
 8-3-4 2重振り子のアニメーション（A0302）

8-1 サンプルプログラムについて

　最後に本書で作成したプログラムの中から代表的なサンプルを4つ選んで，それらのプログラムリストを収録する．ただし，最後の2重振り子だけはこの章のために特別に作成したもので，アニメーションの技法が用いられている．アニメーションについての詳細は既刊の『Javaグラフィクス完全制覇』などを参照してほしい[1]．これら4つも含めて，現代数学社のWebサイトからすべてのプログラムのソースコードを手に入れることができる．必要があれば，そちらも利用してほしい．

　　　　　http://www.gensu.co.jp/ja/download/

また私個人のWebサイト『カオス&フラクタル紀行』

　　　　　http://www001.upp.so-net.ne.jp/seri-cf/

には，私がこれまでに作成したカオス，フラクタル，複雑系に関する数多くの画像と数個のアニメーションが収録されている．それらのJavaプログラムも同Webサイトから自由にダウンロードできるので，あわせて利用してほしい．このサイトには本書で扱った微分方程式の数値解析による画像以外に，複素力学系や離散力学系が生成するカオス，フラクタル画像，その他，ジェネレータなどの様々な手法で作成したフラクタル画像が収録されている．また合計23個のソースファイルから成るJavaグラフィックライブラリの完全版も入手することができる．

　すでに述べたように，私のソースプログラムにはほとんどコメントが挿入されていない．その理由はコメントを挿入しても，あまり理解の助けにならないと考えたからである．他人のプログラムほど分かりにくいものはない．プログラマにはその人特有の癖があるし，変数やメソッド

の命名法にも各人の好みが反映されている．結局は工夫して自分なりのプログラミングスタイルを確立するしか方法はないように思える．私のソースプログラムを好きなように改変して，プログラミング上達のための助けにしてほしい．

8-2 メインクラスのグローバル変数とメソッド

8-2-1 実数座標とピクセル座標

この節では個々の図を描くためのプログラムにおいて，メインクラスの中で共通に定義されるグローバル変数とユーザ定義メソッドの中から主要なものを選んで解説する．Java グラフィックライブラリのソースファイルで定義され，各メインクラスで呼び出されるグローバル変数やユーザ定義メソッドは膨大な数に上るので，それらについては特に説明しない．直接，付属のソースファイルを参照してほしい．

なお，本書では仮想的な位相空間の座標は u, v, w によって，現実的な実空間の座標は x, y によって表す．第4章以降の偏微分方程式系のプログラムでは両者がともに現れるので，しっかり区別してもらいたい．また，ユーティリティ座標系において，数式を扱う際に必要な実数単位の double 型座標を**実数座標**，画面に描画する際に必要なピクセル単位の int 型座標を**ピクセル座標**と呼ぶことにする．

8-2-2 グローバル変数

• XG……グラフィックス用オブジェクト
【書式】XGraphics XG; または XGraphics 3D XG; または XTurtle XG;
【機能】様々な描画用ユーザ定義メソッドを呼び出すためのオブジェク

トで，ほとんどのプログラムで XGraphics オブジェクトとして作成される．本書には XGraphics3D オブジェクトとして作成されるプログラムが 2 つ，XTurtle オブジェクトとして作成されるプログラムが 1 つあるが，これら 2 つのクラスはともに XGraphics を継承するサブクラスなので，オブジェクトの使い方は同じである．

- NL……計算回数

【書式】int NL;

【機能】ルンゲ＝クッタ法などにおいて繰り返される計算の回数を表す．

- FR, FR2……描画領域のサイズ

【書式】int FR,FR2;

【機能】実際に描画が行われる黒枠内の領域サイズの半分をピクセル単位で表す．外側の文字や数値が表示される部分は含まれない．黒枠が正方形の場合は FR のみが，長方形の場合は幅を表す FR と高さを表す FR2 が定義される．

- dt……時間のきざみ幅

【書式】double dt;

【機能】ルンゲ＝クッタ法などにおいて繰り返される計算の時間間隔を表す．したがって，NL × dt がトータルの計算時間になるが，時間は無次元化されているので，絶対的な数値に意味はない．

- p0……初期値の座標

【書式】double[]p0;

【機能】位相空間における初期値の座標を表す．

- FP……固定点の座標

【書式】double[]FP; または double[][]FP;

【機能】位相空間における固定点の座標を表す．固定点が 1 個の場合は

1次元配列が，2個以上の場合は2次元配列が用いられる．後者の場合，第1要素によって固定点に通し番号が振られる．

- u_min, u_max, v_min, v_max, w_min, w_max……変数 u, v, w の最小値と最大値

【書式】double u_min,u_max,v_min,v_max,w_min,w_max;

【機能】描画領域における変数 u, v, w の変域を指定するグローバル変数で，次の dx, dy, mx, my を計算するときに使われる．(u, v, w) は位相空間での実数座標を表す．通常，平面図の横軸，縦軸として u, v, w の中から2つの変数が選ばれる．

- x_min, x_max, y_min, y_max……変数 x, y の最小値と最大値

【書式】double x_min,x_max,y_min,y_max;

【機能】描画領域における変数 x, y の変域を指定するグローバル変数で，次の dx, dy, mx, my を計算するときに使われる．(x, y) は実空間での実数座標を表す．

- dx, dy, mx, my……ピクセル座標，実数座標間の変換係数

【書式】double dx,dy,mx,my;

【機能】dx, dy は変数 u, v（または x, y）のピクセル間の間隔，mx, my は中点の座標をそれぞれ実数値によって表す．int 型ピクセル座標と double 型実数座標との変数変換を行うメソッド setSx, setSy および getSx, getSy の中だけで使われ，それ以外のメソッドで表に出ることはない．

8-2-3 メソッド

- diff……連続力学系の定義（常微分方程式用）

【書式】private double[]diff (double[]x,int n);

【機能】連立常微分方程式によって表される連続力学系を定義する．引数の n は変数の数を表す．

- getFP……固定点の取得

【書式】private double[]getFP (int n)；または private double[][]getFP (int n)；

【機能】固定点の座標を取得する．引数の n は変数の数を表す．固定点が1個の場合は前の書式が，2個以上の場合は後の書式が用いられる．後者の場合，第1要素によって固定点に通し番号が振られる．

- rungeKutta……ルンゲ＝クッタ法（常微分方程式用）

【書式】private double[]rungeKutta (double[]x,int n)；

【機能】常微分方程式系においてルンゲ＝クッタ法を実行する．引数の n は変数の数を表す．

- initU0, initU1……2変数連続力学系における変数 u, v の初期化（偏微分方程式用）

【書式】private double initU0 (double x,double y)；または
private double initU1 (double x,double y)；

【機能】連立偏微分方程式によって表される2変数の連続力学系において，与えられた x, y 領域内の変数 u または v の値を初期化する．

- diff……2変数連続力学系の定義（偏微分方程式用）

【書式】private double[]diff (double u0,double u0x,double u0xx,double u0y,double u0yy, double u1,double u1x,double u1xx,double u1y,double u1yy)；

【機能】連立偏微分方程式によって表される2変数の連続力学系を定義する．2つの変数を u, v とすると，10個の引数は順に $u, \partial u/\partial x,$

$\partial^2 u/\partial x^2$, $\partial u/\partial y$, $\partial^2 u/\partial y^2$, v, $\partial v/\partial x$, $\partial^2 v/\partial x^2$, $\partial v/\partial y$, $\partial^2 v/\partial y^2$ の値を表す．本書では使われないが，3 変数の場合，さらに引数の数が 5 個増えて合計 15 個になる．

- rungeKutta……ルンゲ＝クッタ法（偏微分方程式用）

【書式】private double[][][]rungeKutta (double[][][]w)；

【機能】偏微分方程式系においてルンゲ＝クッタ法を実行する．

- getX, getY……ピクセル座標から実数座標への変換

【書式】private double getX (int nx)；private double getY (int ny)；

【機能】描画領域左下を原点，横軸を右向き，縦軸を上向きとするユーティティ座標系において，int 型ピクセル座標を double 型実数座標に変換する．

- getNx, getNy……実数座標からピクセル座標への変換

【書式】private int getNx (double x)；private int getNy (double y)；

【機能】描画領域左下を原点，横軸を右向き，縦軸を上向きとするユーティティ座標系において，double 型実数座標を int 型ピクセル座標に変換する．

- setSx, setSy……ピクセル座標から実数座標への変換

【書式】private double setSx (int x)；private double setSy (int y)；

【機能】ユーティティ座標系において，int 型ピクセル座標を double 型実数座標に変換する．

- getSx, getSy……実数座標からピクセル座標への変換

【書式】private int getSx (double x)；private int getSy (double y)；

【機能】ユーティティ座標系において，double 型実数座標を int 型ピクセル座標に変換する．

8-3　サンプルプログラム集

8-3-1　常微分方程式によるカオス（F0106a）

// 3変数湖沼生態系モデルによるカオス

```java
package f01;

import java.awt.*;
import java.awt.event.*;
import javax.swing.*;
import xxx.*;

public class F0106a extends XFrame implements ActionListener
{   String[]file={"Start","Clear","Exit"};
    JButton[]bt=new JButton[file.length];
    XGraphics XG;
    int NL=400000,FR=200,n=4;
    double Div=1.0E4,dt=0.05;
    double r1=1.0,c0=1.0,c1=1.5,m1=0.2;
    double r2=4.0,k=0.5,m2=0.7;
    double[]p0={0.1,0.1,0.1};
    double[][]FP=new double[2][3];
    double u_min=0.0,u_max=1.0;
    double v_min=0.0,v_max=1.0;
    double dx= (u_max-u_min) / (2*FR) ;
    double dy= (v_max-v_min) / (2*FR) ;
    double mx= (u_max+u_min) /2;
    double my= (v_max+v_min) /2;

    private double[]diff(double[]x,int n)
```

```java
{   double[]xx=new double[n];
    xx[0]=x[0]* (1-x[0]) -c0*x[0]*x[1]-x[0]*x[2];
    xx[1]=r1*x[1]* (1-x[1]) -c1*x[0]*x[1]-m1*x[1]*x[2];
    xx[2]=r2* (x[0]+k*m1*x[1]) *x[2]-m2*x[2];
    return xx;
}

private double[][]getFP (int n)
{   double[][]fp=new double[2][n];
    double D= ((r1-c0*m1) -k*m1* (c1-m1)) *r2;
    fp[0][0]= ((r1-c0*m1) *m2-k*m1* (r1-m1) *r2) /D;
    fp[0][1]= ((r1-m1) *r2- (c1-m1) *m2) /D;
    fp[0][2]=1-fp[0][0]-c0*fp[0][1];
    fp[1][0]=r1* (1-c0) / (r1-c0*c1) ;
    fp[1][1]= (r1-c1) / (r1-c0*c1) ;
    fp[1][2]=0;
    return fp;
}


private void myPaint ()
{   XG.set0 (FC,1) ;
    XG.rectangle (-FR-60-1,FR+20+1,FR+20+1,-FR-60-1,XColor.Color16[0]) ;

    FP=getFP (3) ;

    double D=2.0*FR/n;
    for (int i=1;i<n;i++)
        XG.line (-FR+XMath.fint (D*i) ,-FR,-FR+XMath.fint (D*i) ,FR,XColor.Color16[8]) ;
    for (int i=1;i<n;i++)
        XG.line (-FR,-FR+XMath.fint (D*i) ,FR,-FR+XMath.fint (D*i) ,XColor.Color16[8]) ;

    double[]p=p0;
    Point sp_=new Point (getSx (p[0]) ,getSy (p[1])) ;
    for (int n=0;n<NL;n++)
```

```
{   double[]pp=rungeKutta(p,3);
    p=pp;
    double p2=p[0]*p[0]+p[1]*p[1]+p[2]*p[2];
    if (p2>=Div)
        break;
    Point sp=new Point(getSx(p[0]),getSy(p[1]));
    if (n>NL/10&&Math.abs(sp.x)<=FR&&Math.abs(sp.y)<=FR)
        XG.line(sp_,sp,XColor.Color16[0]);
    sp_=sp;
}


XG.rectangle(-FR,FR,FR,-FR,XColor.Color16[0]);
XG.rectangle(-FR-1,FR+1,FR+1,-FR-1,XColor.Color16[0]);
XG.rectangle(-FR+1,FR-1,FR-1,-FR+1,XColor.Color16[0]);
XG.string2(FR-59,FR-40," (a) ",XColor.Color16[0],"Arial",Font.PLAIN,40);


XG.cross(getSx(FP[0][0]),getSy(FP[0][1]),3,XColor.Color16[0],3);

XG.string2(getSx(FP[0][0])+4,getSy(FP[0][1])+4,"F",XColor.Color16[0],"Arial",Font.PLAIN,32);


XG.string2(FR/2-11,-FR-52,"u",XColor.Color16[0],"Arial",Font.ITALIC,40);
XG.string2(-FR-9,-FR-32,"0",XColor.Color16[0],"Arial",Font.PLAIN,32);
XG.string2(-23,-FR-32,""+u_max/2,XColor.Color16[0],"Arial",Font.PLAIN,32);
XG.string2(FR-26,-FR-32,""+u_max,XColor.Color16[0],"Arial",Font.PLAIN,32);


XG.stringR(FC.x-FR-32,FC.y-FR/2+11,"v",XColor.Color16[0],"Arial",Font.ITALIC,40,90.0);
XG.string2(-FR-23,-FR-12,"0",XColor.Color16[0],"Arial",Font.PLAIN,32);
XG.string2(-FR-50,-12,""+v_max/2,XColor.Color16[0],"Arial",Font.PLAIN,32);
XG.string2(-FR-50,FR-12,""+v_max,XColor.Color16[0],"Arial",Font.PLAIN,32);


XG.string(10,140,"c0="+c0,XColor.Color16[0],16);
XG.string(10,160,"c1="+c1,XColor.Color16[0],16);
XG.string(10,180,"r1="+r1,XColor.Color16[0],16);
XG.string(10,200,"r2="+r2,XColor.Color16[0],16);
```

```
        XG.string(10,220,"k="+k,XColor.Color16[0],16);
        XG.string(10,240,"m1="+m1,XColor.Color16[0],16);
        XG.string(10,260,"m2="+m2,XColor.Color16[0],16);
        XG.string(10,300,"p0= ("+p0[0]+","+p0[1]+","+p0[2]+") ",XColor.Color16[0],16);
        XG.string(10,340,"FP0=("+XMath.fdouble(FP[0][0],3)+","+XMath.fdouble(FP[0][1],3)+","
            +XMath.fdouble(FP[0][2],3)+") ",XColor.Color16[0],16);
        XG.string(10,360,"FP1=("+XMath.fdouble(FP[1][0],3)+","+XMath.fdouble(FP[1][1],3)+","
            +XMath.fdouble(FP[1][2],3)+") ",XColor.Color16[0],16);
        XG.string(10,400,"NL="+NL,XColor.Color16[0],16);
        XG.string(10,420,"dt="+dt,XColor.Color16[0],16);
        XG.string(10,440,"u="+u_min+"<<"+u_max,XColor.Color16[0],16);
        XG.string(10,460,"v="+v_min+"<<"+v_max,XColor.Color16[0],16);
    }

    private double[]rungeKutta(double[]x,int n)
    {   double[]xx=new double[n];
        double[]x1=new double[n];
        x1=diff(x,n);
        for(int i=0;i<n;i++)
            xx[i]=x[i]+x1[i]/2*dt;
        double[]x2=new double[n];
        x2=diff(xx,n);
        for(int i=0;i<n;i++)
            xx[i]=x[i]+x2[i]/2*dt;
        double[]x3=new double[n];
        x3=diff(xx,n);
        for(int i=0;i<n;i++)
            xx[i]=x[i]+x3[i]*dt;
        double[]x4=new double[n];
        x4=diff(xx,n);
        for(int i=0;i<n;i++)
            xx[i]=x[i]+(x1[i]+2*x2[i]+2*x3[i]+x4[i])/6*dt;
        return xx;
    }
```

```
public F0106a ()
{   super () ;
    initFrame (1024,768,XColor.Color16[7],"3 変数湖沼生態系モデルによるカオス ") ;
    Container cp=getContentPane () ;
    cp.setBackground (getBackground ()) ;
    cp.setLayout (new FlowLayout (FlowLayout.LEFT)) ;
    JPanel pn=new JPanel () ;
    pn.setLayout (new GridLayout (file.length,1)) ;
    for (int i=0;i<file.length;i++)
    {   bt[i]=new JButton (file[i]) ;
        bt[i].addActionListener (this) ;
        pn.add (bt[i]) ;
    }
    cp.add (pn) ;
    setVisible (true) ;
    XG=new XGraphics (getGraphics ()) ;
}

public static void main (String[ ]argv)
{   F0106a app=new F0106a () ;
}

public void actionPerformed (ActionEvent evt)
{   if (evt.getSource () ==bt[0])
        myPaint () ;
    if (evt.getSource () ==bt[1])
        repaint () ;
    if (evt.getSource () ==bt[2])
    {   dispose () ;
        System.exit (0) ;
    }
}
private double setSx (int sx) {return dx*sx+mx;}
```

```
            private double setSy (int sy) {return dy*sy+my;}
            private int getSx (double x) {return XMath.fint ((x-mx)/dx);}
            private int getSy (double y) {return XMath.fint ((y-my)/dy);}
}
```

8-3-2　反応・拡散方程式による時空間カオス (F0402f)

```
// 反応・拡散方程式による時空間カオス

package f04;

import java.awt.*;
import java.awt.event.*;
import javax.swing.*;
import xxx.*;

public class F0402f extends XFrame implements ActionListener
{   String[]file={"Start","Clear","Exit"};
    JButton[]bt=new JButton[file.length];
    XGraphics XG;
    int NL=2000,FR=100,N=2*FR;
    double Div=1.0E4,dt=0.32;
    double h=0.1,r=3.6,m=3.24;
    double D0=1.0,D1=1.0;
    double[]FP=new double[2];
    double x_min=0.0,x_max=(double)N;
    double y_min=0.0,y_max=(double)N;
    double dx=(x_max-x_min)/N;
    double dy=(y_max-y_min)/N;
    double mx=(x_max+x_min)/2;
    double my=(y_max+y_min)/2;
    double u_min=0.0,u_max=0.9;
```

```
    double u_min_=10000.0,u_max_=-10000.0;
private double initU0 (double x,double y)
{   return FP[0]* (1+0.5*Math.sin (Math.PI* (x-mx) /x_max)) ;
}


private double initU1 (double x,double y)
{   return FP[1]* (1+0.5*Math.sin (Math.PI* (y-my) /y_max)) ;
}


private double[ ]diff (double u0,double u0x,double u0xx,double u0y,double u0yy,
         double u1,double u1x,double u1xx,double u1y,double u1yy)
{   double[ ]x=new double[2];
    double f=u0*u0/ (h*h+u0*u0) ;
    x[0]=D0* (u0xx+u0yy) +u0* (1-u0) -f*u1;
    x[1]=D1* (u1xx+u1yy) +r*f*u1-m*u1;
    return x;
}


private double[ ]getFP ()
{   double[ ]fp=new double[2];
    fp[0]=Math.sqrt (m/ (r-m)) *h;
    double f=fp[0]*fp[0]/ (h*h+fp[0]*fp[0]) ;
    fp[1]=fp[0]* (1-fp[0]) /f;
    return fp;
}


private void myPaint ()
{   XTimer tm=new XTimer () ;
    tm.setTimer () ;

    XColor.setAokoSpectra3 () ;
    XG.set0 (FC,1) ;
    XG.rectangle (-FR-36-1,FR+14+1,FR+14+1,-FR-36-1,XColor.Color16[0]) ;
    FP=getFP () ;
```

```
double[][][][]w=new double[2][5][N+1][N+1];
double[][][][]ww=new double[2][5][N+1][N+1];
for (int nx=0;nx<=N;nx++)
{   for (int ny=0;ny<=N;ny++)
    {   ww[0][0][nx][ny]=initU0 (getX (nx) ,getY (ny)) ;
        ww[1][0][nx][ny]=initU1 (getX (nx) ,getY (ny)) ;
    }
}
w=XAnalysis.pDiffS (ww[0][0],ww[1][0],N,dx,dy) ;

for (int n=0;n<NL;n++)
{   ww=rungeKutta (w) ;
    w=ww;
}

for (int nx=0;nx<=N;nx++)
{   for (int ny=0;ny<=N;ny++)
    {   int sx=getSx (getX (nx)) ;
        int sy=getSy (getY (ny)) ;
        int col= (int)(256* (w[0][0][nx][ny]-u_min) / (u_max-u_min)) ;
        if (w[0][0][nx][ny]>u_max_)
        u_max_=w[0][0][nx][ny];
        if (w[0][0][nx][ny]<u_min_)
            u_min_=w[0][0][nx][ny];
        XG.pixel (sx,sy,XColor.getAokoColor (col)) ;
    }
}


XG.rectangle (-FR,FR,FR,-FR,XColor.Color16[0]) ;

XG.string2 (-FR-32,-FR-28," (f) ",XColor.Color16[0],"Arial",Font.PLAIN,20) ;

XG.string2 (FR/2-5,-FR-28,"x",XColor.Color16[0],"Arial",Font.ITALIC,18) ;
```

```
    XG.string2 (-FR-5,-FR-18,"0",XColor.Color16[0],"Arial",Font.PLAIN,18) ;
    XG.string2 (-15,-FR-18,"100",XColor.Color16[0],"Arial",Font.PLAIN,18) ;
    XG.string2 (FR-17,-FR-18,"200",XColor.Color16[0],"Arial",Font.PLAIN,18) ;

    XG.stringR (FC.x-FR-18,FC.y-FR/2+5,"y",XColor.Color16[0],"Arial",Font.ITALIC,18,90.0) ;
    XG.string2 (-FR-13,-FR-7,"0",XColor.Color16[0],"Arial",Font.PLAIN,18) ;
    XG.string2 (-FR-33,-7,"100",XColor.Color16[0],"Arial",Font.PLAIN,18) ;
    XG.string2 (-FR-33,FR-7,"200",XColor.Color16[0],"Arial",Font.PLAIN,18) ;

    XG.string (10,140,"r="+r,XColor.Color16[0],16) ;
    XG.string (10,160,"m="+m,XColor.Color16[0],16) ;
    XG.string (10,180,"h="+h,XColor.Color16[0],16) ;
    XG.string (10,300,"FP= ("+XMath.fdouble (FP[0],3) +","
        +XMath.fdouble (FP[1],3) +") ",XColor.Color16[0],16) ;
    XG.string (10,320,"D0="+D0,XColor.Color16[0],16) ;
    XG.string (10,340,"D1="+D1,XColor.Color16[0],16) ;
    XG.string (10,400,"NL="+NL,XColor.Color16[0],16) ;
    XG.string (10,420,"dt="+dt,XColor.Color16[0],16) ;
    XG.string (10,440,"TL="+NL*dt,XColor.Color16[0],16) ;
    XG.string (10,460,"N="+N,XColor.Color16[0],16) ;
    XG.string (10,500,"x="+x_min+"<<"+x_max,XColor.Color16[0],16) ;
    XG.string (10,520,"y="+y_min+"<<"+y_max,XColor.Color16[0],16) ;
    XG.string (10,540,"u="+u_min+"<<"+u_max,XColor.Color16[0],16) ;
    XG.string (10,560,"u_="+XMath.fdouble (u_min_,3) +"<<"
        +XMath.fdouble (u_max_,3) ,XColor.Color16[0],16) ;
    tm.getTimer () ;
    XG.string (10,720,"Time="+tm.Time,XColor.Color16[0],16) ;
}

private double[][][][]rungeKutta (double[][][][]w)
{   double[][][][]ww=new double[2][5][N+1][N+1];
    double[][][][]w_=new double[2][5][N+1][N+1];
    double[][][]x1=new double[N+1][N+1][2];
    double[][][]x2=new double[N+1][N+1][2];
```

```
double[][][]x3=new double[N+1][N+1][2];
double[][][]x4=new double[N+1][N+1][2];
for (int nx=0;nx<=N;nx++)
{    for (int ny=0;ny<=N;ny++)
     {   x1[nx][ny]=diff(w[0][0][nx][ny],w[0][1][nx][ny],w[0][2][nx][ny],
         w[0][3][nx][ny],w[0][4][nx][ny],
         w[1][0][nx][ny],w[1][1][nx][ny],w[1][2][nx][ny],
         w[1][3][nx][ny],w[1][4][nx][ny]);
         w_[0][0][nx][ny]=w[0][0][nx][ny]+x1[nx][ny][0]/2*dt;
         w_[1][0][nx][ny]=w[1][0][nx][ny]+x1[nx][ny][1]/2*dt;
     }
}
ww=XAnalysis.pDiffS(w_[0][0],w_[1][0],N,dx,dy);
for (int nx=0;nx<=N;nx++)
{    for (int ny=0;ny<=N;ny++)
     {   x2[nx][ny]=diff(ww[0][0][nx][ny],ww[0][1][nx][ny],ww[0][2][nx][ny],
         ww[0][3][nx][ny],ww[0][4][nx][ny],
         ww[1][0][nx][ny],ww[1][1][nx][ny],ww[1][2][nx][ny],
         ww[1][3][nx][ny],ww[1][4][nx][ny]);
         w_[0][0][nx][ny]=w[0][0][nx][ny]+x2[nx][ny][0]/2*dt;
         w_[1][0][nx][ny]=w[1][0][nx][ny]+x2[nx][ny][1]/2*dt;
     }
}
ww=XAnalysis.pDiffS(w_[0][0],w_[1][0],N,dx,dy);
for (int nx=0;nx<=N;nx++)
{    for (int ny=0;ny<=N;ny++)
     {   x3[nx][ny]=diff(ww[0][0][nx][ny],ww[0][1][nx][ny],ww[0][2][nx][ny],
         ww[0][3][nx][ny],ww[0][4][nx][ny],
         ww[1][0][nx][ny],ww[1][1][nx][ny],ww[1][2][nx][ny],
         ww[1][3][nx][ny],ww[1][4][nx][ny]);
         w_[0][0][nx][ny]=w[0][0][nx][ny]+x3[nx][ny][0]*dt;
         w_[1][0][nx][ny]=w[1][0][nx][ny]+x3[nx][ny][1]*dt;
     }
}
```

```
        ww=XAnalysis.pDiffS(w_[0][0],w_[1][0],N,dx,dy);
        for (int nx=0;nx<=N;nx++)
        {   for (int ny=0;ny<=N;ny++)
            {   x4[nx][ny]=diff(ww[0][0][nx][ny],ww[0][1][nx][ny],ww[0][2][nx][ny],
                    ww[0][3][nx][ny],ww[0][4][nx][ny],
                    ww[1][0][nx][ny],ww[1][1][nx][ny],ww[1][2][nx][ny],
                    ww[1][3][nx][ny],ww[1][4][nx][ny]);
            }
        }
        for (int i=0;i<2;i++)
        {   for (int nx=0;nx<=N;nx++)
            {   for (int ny=0;ny<=N;ny++)
                {   ww[i][0][nx][ny]=w[i][0][nx][ny]+(x1[nx][ny][i]
                        +2*x2[nx][ny][i]+2*x3[nx][ny][i]+x4[nx][ny][i])/6*dt;
                }
            }
        }
        return XAnalysis.pDiffS(ww[0][0],ww[1][0],N,dx,dy);
    }

    public F0402f()
    {   super();
        initFrame(1024,768,XColor.Color16[7],"反応・拡散方程式による時空間カオス");
        Container cp=getContentPane();
        cp.setBackground(getBackground());
        cp.setLayout(new FlowLayout(FlowLayout.LEFT));
        JPanel pn=new JPanel();
        pn.setLayout(new GridLayout(file.length,1));
        for (int i=0;i<file.length;i++)
        {   bt[i]=new JButton(file[i]);
            bt[i].addActionListener(this);
            pn.add(bt[i]);
        }
        cp.add(pn);
```

```
        setVisible (true);
        XG=new XGraphics (getGraphics ());
    }

    public static void main (String[]argv)
    {   F0402f app=new F0402f ();
    }

    public void actionPerformed (ActionEvent evt)
    {   if (evt.getSource () ==bt[0])
            myPaint ();
        if (evt.getSource () ==bt[1])
            repaint ();
        if (evt.getSource () ==bt[2])
        {   dispose ();
            System.exit (0);
        }
    }

    private double getX (int nx) {return x_min+dx*nx;}
    private double getY (int ny) {return y_min+dy*ny;}
    private int getNx (double x) {return XMath.fint ((x-x_min)/dx);}
    private int getNy (double y) {return XMath.fint ((y-y_min)/dy);}

    private double setSx (int sx) {return dx*sx+mx;}
    private double setSy (int sy) {return dy*sy+my;}
    private int getSx (double x) {return XMath.fint ((x-mx)/dx);}
    private int getSy (double y) {return XMath.fint ((y-my)/dy);}

}
```

8-3-3　河道形成モデルによる樹状ネットワークパターン（F0608c）

// 河道形成モデルによる樹状ネットワークパターン

```java
package f06;

import java.awt.*;
import java.awt.event.*;
import java.util.Random;
import javax.swing.*;
import xxx.*;

public class F0608c extends XFrame implements ActionListener
{    String[]file={"Start","Clear","Exit"};
     JButton[]bt=new JButton[file.length];
     XGraphics XG;
     int FR=300,N=40,TL=(N+1)*(N+1)/2;
     double h=1.0/(N+1),d=(double)FR/(N+1);
     double w_max=4.0/3*d,w_min=d/3,dr=0.5;
     double[]u=new double[(N+1)*(N+1)];
     int[][]Flag=new int[(N+1)*(N+1)][2];
     Random Rd=new Random(0);
     double[]rd=new double[(N+1)*(N+1)];
     double[]f=new double[(N+1)*(N+1)];
     int[][]A=new int[(N+1)*(N+1)][(N+1)*(N+1)];
     int[]Nv=new int[(N+1)*(N+1)];
     int No=0;

private void init()
{    for(int i=0;i<(N+1)*(N+1);i++)
         rd[i]=1+dr*(2*Rd.nextDouble()-1);

     for(int i=0;i<(N+1)*(N+1);i++)
```

第8章 Javaで描く複雑系 ― サンプルプログラム集 ―

```java
            f[i]=h*h;

     for (int j=0;j< (N+1) * (N+1) ;j++)
     for (int i=0;i< (N+1) * (N+1) ;i++)
            A[i][j]=0;
     for (int i=0;i< (N+1) * (N+1) ;i++)
            A[i][i]=4;
     for (int i=0;i<N* (N+2) ;i++)
            A[i][i+1]=A[i+1][i]=-1;
     for (int i=0;i<N;i++)
            A[ (N+1) * (i+1) -1][ (N+1) * (i+1) ]=A[ (N+1) * (i+1) ][ (N+1) * (i+1) -1]=0;
     for (int i=0;i<N* (N+1) ;i++)
            A[i][i+ (N+1) ]=A[i+ (N+1) ][i]=-1;

     for (int i=0;i< (N+1) * (N+1) ;i++)
     {    Flag[i][0]=2;
          Flag[i][1]=0;
     }
     mod_Flag (N* (N+2) /2) ;
     drawBed (N* (N+2) /2,1) ;
  }

  private void choleskyEx (int t)
  {    double[]v=new double[N* (N+2) -t];
       double[]g=new double[N* (N+2) -t];
       double[][]B=new double[N* (N+2) -t][N* (N+2) -t];
       int no=0,no_=0;
       int[]ord=new int[TL+1];
       for (int i=0;i< (N+1) * (N+1) ;i++)
       {    if (Flag[i][0]==0)
            {    ord[no]=i;no++;
            }
       }
       no=0;
```

```
        for (int i=0;i< (N+1) * (N+1) ;i++)
        {    if (i==ord[no])
                    no++;
             else
             {   g[i-no]=f[i];
                 no_=0;
                 for (int j=0;j<i;j++)
                 {    if (j==ord[no_])
                            no_++;
                      else
                            B[i-no][j-no_]=B[j-no_][i-no]=A[i][j];
                 }
                 B[i-no][i-no]=A[i][i];
             }
        }
        v=XAlgebra.cholesky (B,g) ;
        no=0;
        for (int i=0;i< (N+1) * (N+1) ;i++)
        {    if (i==ord[no])
             {   u[i]=0.0;no++;
             }
             else
                 u[i]=v[i-no];
        }
}

private void get_u (int t)
{   f[Nv[No]]=0.0;
    for (int i=0;i< (N+1) * (N+1) ;i++)
    {   A[i][Nv[No]]=0;
        A[Nv[No]][i]=0;
    }
    A[Nv[No]][Nv[No]]=1;
    choleskyEx (t) ;
```

```
            No++;
    }

    private void mod_Flag(int n)
    {   Flag[n][0]=0;
        Nv[No]=n;

        int x=n%(N+1),y=n/(N+1);
        if(x==0)
            if(y==0)
            {   mod_Flag2(n+1,n);
                mod_Flag2(n+(N+1),n);
            }
            else if(y==N)
            {   mod_Flag2(n+1,n);
                mod_Flag2(n-(N+1),n);
            }
            else
            {   mod_Flag2(n+1,n);
                mod_Flag2(n+(N+1),n);
                mod_Flag2(n-(N+1),n);
            }
        else if(x==N)
            if(y==0)
            {   mod_Flag2(n-1,n);
                mod_Flag2(n+(N+1),n);
            }
            else if(y==N)
            {   mod_Flag2(n-1,n);
                mod_Flag2(n+1,n);
                mod_Flag2(n-(N+1),n);
            }
            else
            {   mod_Flag2(n-1,n);
```

```
                mod_Flag2 (n+ (N+1) ,n) ;
                mod_Flag2 (n- (N+1) ,n) ;
        }
    else
        if (y==0)
        {   mod_Flag2 (n+1,n) ;
            mod_Flag2 (n-1,n) ;
            mod_Flag2 (n+ (N+1) ,n) ;
        }
        else if (y==N)
        {   mod_Flag2 (n+1,n) ;
            mod_Flag2 (n-1,n) ;
            mod_Flag2 (n- (N+1) ,n) ;
        }
        else
        {   mod_Flag2 (n+1,n) ;
            mod_Flag2 (n-1,n) ;
            mod_Flag2 (n+ (N+1) ,n) ;
            mod_Flag2 (n- (N+1) ,n) ;
        }
}

private void mod_Flag2 (int n,int n_)
{   if (Flag[n][0]==2)
    {   Flag[n][0]=1;
        Flag[n][1]=n_;
    }
}

private void sort (int t)
{   int no=0;
    double max=0.0;
    double[ ]uu=new double[ (N+1) * (N+1) ];
```

```
        for (int i=0;i< (N+1) * (N+1) ;i++)
            uu[i]=u[i]*rd[i];

        max=0.0;
        for (int i=0;i< (N+1) * (N+1) ;i++)
            if (Flag[i][0]==1)
                if (uu[i]>max)
                {   max=uu[i];
                    no=i;
                }

        mod_Flag (no) ;
        draw (no,Flag[no][1],t) ;
}

private void draw (int n,int n_,int t)
{   drawBed (n,3) ;
    int x=n% (N+1) ,y=n/ (N+1) ;
    int x_=n_ % (N+1) ,y_=n_ / (N+1) ;
    int w=XMath.fint (w_max- (w_max-w_min) *t/TL) ;
    XG.line (-FR+XMath.fint ((2*x+1) *d) ,-FR+XMath.fint ((2*y+1) *d) ,
       -FR+XMath.fint ((2*x_+1) *d) ,-FR+XMath.fint ((2*y_+1) *d) ,XColor.Color16[1],w) ;
}

private void drawBed (int n,int col)
{   int x=n% (N+1) ,y=n/ (N+1) ;
    XG.rectangleF (-FR+XMath.fint (2*x*d) ,-FR+XMath.fint (2*y*d) ,
        -FR+XMath.fint (2* (x+1) *d) ,-FR+XMath.fint (2* (y+1) *d) ,XColor.Color16[col]) ;
}

private void myPaint ()
{   XTimer tm=new XTimer () ;
    tm.setTimer () ;
```

```
        XG.set0 (FC,1) ;
        XG.rectangle (-FR-21,FR+21,FR+21,-FR-21,XColor.Color16[0]) ;
        XG.rectangleF (-FR,FR,FR,-FR,XColor.Color16[2]) ;

        init () ;
        for (int t=0;t<TL;t++)
        {   get_u (t) ;
            sort (t) ;
        }

        int Tot=0;
        for (int i=0;i< (N+1) * (N+1) ;i++)
            if (Flag[i][0]==0)
                Tot++;

        XG.string (10,140,"N="+N,XColor.Color16[0],16) ;
        XG.string (10,160," (N+1) * (N+1) ="+ (N+1) * (N+1) ,XColor.Color16[0],16) ;
        XG.string (10,180,"h="+XMath.fdouble (h,5) ,XColor.Color16[0],16) ;
        XG.string (10,200,"d="+XMath.fint (d) ,XColor.Color16[0],16) ;
        XG.string (10,220,"TL="+TL,XColor.Color16[0],16) ;
        XG.string (10,240,"dr="+dr,XColor.Color16[0],16) ;
        XG.string (10,300,"No="+No,XColor.Color16[0],16) ;
        XG.string (10,320,"Nv[0]="+Nv[0],XColor.Color16[0],16) ;
        XG.string (10,340,"Nv["+ (No-1) +"]="+Nv[No-1],XColor.Color16[0],16) ;
        XG.string (10,700,"Tot="+Tot,XColor.Color16[0],16) ;
        tm.getTimer () ;
        XG.string (10,720,"Time="+tm.Time,XColor.Color16[0],16) ;
    }

    public F0608c ()
    {   super () ;
        initFrame (1024,768,XColor.Color16[7]," 河道形成モデルによる樹状ネットワークパターン ") ;
        Container cp=getContentPane () ;
        cp.setBackground (getBackground ()) ;
        cp.setLayout (new FlowLayout (FlowLayout.LEFT)) ;
```

```
        JPanel pn=new JPanel();
        pn.setLayout(new GridLayout(file.length,1));
        for(int i=0;i<file.length;i++)
        {   bt[i]=new JButton(file[i]);
            bt[i].addActionListener(this);
            pn.add(bt[i]);
        }
        cp.add(pn);
        setVisible(true);
        XG=new XGraphics(getGraphics());
    }

    public static void main(String[]argv)
    {   F0608c app=new F0608c();
    }

    public void actionPerformed(ActionEvent evt)
    {   if(evt.getSource()==bt[0])
            myPaint();
        if(evt.getSource()==bt[1])
            repaint();
        if(evt.getSource()==bt[2])
        {   dispose();
            System.exit(0);
        }
    }
}
```

8-3-4　2重振り子のアニメーション (A0302)

// 2重振り子のアニメーション

```
package f03;

import java.awt.*;
import java.awt.event.*;
import javax.swing.*;
import xxx.*;

public class A0302 extends XFrame implements Runnable,ActionListener
{   String[]file={"Start","Reset","Exit"};
    JButton[]bt=new JButton[file.length];
    Thread th=null;
    XGraphics XG;
    int Y0=140,k=180,flag=0;
    double dt=0.04;
    double L=1.0/Math.sqrt(2.0),M=0.6,g=1.0;
    double T1=90.0,T2=90.0,A1=0.0,A2=0.0;
    double t1=T1*Math.PI/180.0,t2=T2*Math.PI/180.0;
    double a1=A1*Math.PI/180.0,a2=A2*Math.PI/180.0;
    double[]p0={t1,t2,a1,a2};
    double[]p=p0;
    int x1=0,y1=0,x2=0,y2=0;

private double[]diff(double[]x,int n)
{   double[]xx=new double[n];
    xx[0]=x[2];
    xx[1]=x[3];
    double f1=-M*L*x[3]*x[3]*Math.sin(x[0]-x[1])-g*Math.sin(x[0]);
    double f2=(x[2]*x[2]*Math.sin(x[0]-x[1])-g*Math.sin(x[1]))/L;
    double det=1.0-M*Math.cos(x[0]-x[1])*Math.cos(x[0]-x[1]);
```

```
       xx[2]=(f1-M*L*Math.cos(x[0]-x[1])*f2)/det;
       xx[3]=(-Math.cos(x[0]-x[1])/L*f1+f2)/det;
       return xx;
}

private void myPaint()
{      double[]pp=rungeKutta(p,4);
       p=pp;
       if(flag!=0)
       {   XG.line(0,0,x1,y1,XColor.Color16[7],2);
           XG.line(x1,y1,x2,y2,XColor.Color16[7],2);
           XG.disk(0,0,4,XColor.Color16[0]);
           XG.disk(x1,y1,4,XColor.Color16[0]);
           XG.disk(x2,y2,4,XColor.Color16[0]);
       }
       double x_1=k*Math.sin(p[0]);
       double y_1=k*Math.cos(p[0]);
       double x_2=k*(Math.sin(p[0])+L*Math.sin(p[1]));
       double y_2=k*(Math.cos(p[0])+L*Math.cos(p[1]));

       int xx1=XMath.fint(x_1);
       int yy1=XMath.fint(y_1);
       int xx2=XMath.fint(x_2);
       int yy2=XMath.fint(y_2);

       XG.line(0,0,xx1,yy1,XColor.Color16[0],2);
       XG.line(xx1,yy1,xx2,yy2,XColor.Color16[0],2);
       XG.disk(0,0,4,XColor.Color16[0]);
       XG.disk(xx1,yy1,4,XColor.Color16[0]);
       XG.disk(xx2,yy2,4,XColor.Color16[0]);

       x1=xx1;y1=yy1;x2=xx2;y2=yy2;flag=1;
}

private double[]rungeKutta(double[]x,int n)
```

```
{   double[]xx=new double[n];
    double[]x1=new double[n];
    x1=diff(x,n);
    for(int i=0;i<n;i++)
        xx[i]=x[i]+x1[i]/2*dt;
    double[]x2=new double[n];
    x2=diff(xx,n);
    for(int i=0;i<n;i++)
        xx[i]=x[i]+x2[i]/2*dt;
    double[]x3=new double[n];
    x3=diff(xx,n);
    for(int i=0;i<n;i++)
        xx[i]=x[i]+x3[i]*dt;
    double[]x4=new double[n];
    x4=diff(xx,n);
    for(int i=0;i<n;i++)
        xx[i]=x[i]+(x1[i]+2*x2[i]+2*x3[i]+x4[i])/6*dt;
    return xx;
}

public void run()
{   Thread th0=Thread.currentThread();
    while(th==th0)
    {   myPaint();
        try
        {   Thread.sleep(50);
        }
        catch(InterruptedException e){}
    }
}

public A0302()
{   super();
    initFrame(1024,768,XColor.Color16[7],"2重振り子のアニメーション");
```

```
        Container cp=getContentPane();
        cp.setBackground(getBackground());
        cp.setLayout(new FlowLayout(FlowLayout.LEFT));
        JPanel pn=new JPanel();
        pn.setLayout(new GridLayout(file.length,1));
        for(int i=0;i<file.length;i++)
        {   bt[i]=new JButton(file[i]);
            bt[i].addActionListener(this);
            pn.add(bt[i]);
        }
        cp.add(pn);
        setVisible(true);
        XG=new XGraphics(getGraphics());
        XG.set0(FC.x,FC.y-Y0,0);
    }

    public static void main(String[]argv)
    {   A0302 app=new A0302();
    }

    public void actionPerformed(ActionEvent evt)
    {   if(evt.getSource()==bt[0])
        {   if(th==null)
            {   th=new Thread(this);
                th.start();
            }
        }
        if(evt.getSource()==bt[1])
        {   repaint();
            th=null;
            flag=0;
            p0[0]=t1;p0[1]=t2;p0[2]=a1;p0[3]=a2;
            p=p0;
        }
```

```
            if (evt.getSource () ==bt[2])
        {    th=null;
             dispose () ;
             System.exit (0) ;
        }
    }
}
```

第 8 章の参考文献
(1) 芹沢浩 (2001) Java グラフィクス完全制覇. 技術評論社.

索引

あ行

アトラクタ　21, 29, 31, 33, 37-39, 42, 47, 48, 54, 84, 95, 101
安定　5, 6, 8, 11, 17, 29-31, 36, 39, 48, 55, 72, 84
安定性解析　26, 33, 34, 39, 41, 54
位相空間(平面)　2, 5, 6, 8, 12, 13, 20, 31, 46, 54, 91, 95, 170
エノン-ハイレス系　65, 66
エントロピー生成率最小化(mEP)の原理　112, 115, 116, 122, 128, 139
エントロピー生成率最大化(MEP)の原理　113-116, 122, 127-130, 132, 135, 137-140
オイラー法　21-23

か行

カオス　13, 14, 17, 18, 20, 39, 41, 43-51, 54, 56, 59, 61, 65, 66, 72, 90-93, 95-97, 105, 106, 174
拡散係数　68, 70, 72, 76, 77, 102, 104
河道形成モデル　132-134, 186
軌道　2, 5, 11, 12, 15, 19, 21, 29, 31, 35, 38, 39, 42-45, 47, 49, 55, 91, 100
強制振動系　96-100, 108
熊手分岐　26, 33
湖沼生態系　13, 15, 16, 18, 19, 21, 39, 40, 46, 47, 49, 76, 174
固定点　5-8, 11-13, 16-20, 26-33, 35-39, 41-43, 45, 47, 50-52, 54, 76, 84, 87, 91-95, 97, 101-105, 170-172

固有値　28-31, 34, 35, 37, 38, 42-46, 54, 55, 93, 101, 104
固有ベクトル　28-31, 34
孤立系　112, 113, 121, 137
コレスキー法　142, 147, 148
コンストラクタル理論(法則)　115, 130, 132

さ行

最適化理論　114
サドル　32, 38, 42, 43, 45, 52, 91, 93, 101, 103, 104
散逸系　39, 45-47, 55, 59
散逸構造　112, 114-116, 125, 127, 128, 132, 135-140
3体問題　61, 64
シェファーの最小2成分モデル　11, 12, 14, 17, 21, 33, 36, 37, 47, 54, 74
時空間カオス　71-73, 102, 103, 105-108, 179
自己組織化　79, 112
ジャーク関数　92-94, 100, 103, 107
ジャパニーズアトラクタ　96-99
周期振動　17, 20, 21, 47, 54
周期的境界条件　84, 86, 87
樹状ネットワーク構造(パターン, モデル)　113, 114, 116-120, 122-134, 138, 139, 147-149, 186
準周期振動　13, 17-21, 47, 54, 95, 96
常微分方程式　2, 21-23, 39, 68, 72, 74, 75, 81, 93, 102-104, 106-108, 171, 172, 174
自励系　93, 97, 100-102, 104

199

ストレンジアトラクタ　20, 21, 42, 44,
　　45, 47, 48, 50, 51, 59, 90, 91,
　　93, 94, 98-102
スプロットのカオス　93
セパラトリクス　8, 29
ゼロフラックス境界条件　84, 85, 87,
　　105, 106, 121
双安定　8, 29, 48, 100-102

た行

多重安定　8, 48, 100
ダフィン方程式　97, 98
チューリングパターン　75, 77, 102
ディリクレ境界条件　119, 121-125, 128,
　　142
トーラス　13, 17, 19-21, 47, 96
特性方程式　28, 34, 54
トレース　34, 46, 95

な行

2重振り子　56, 59, 60, 194
熱的死　112, 128
熱力学的平衡から遠く離れて(離れた状態)
　　112-114, 120, 127, 128, 135, 139
熱力学の第2法則　112, 113, 115, 137,
　　139, 140
ノイマン境界条件　119, 121, 124, 134,
　　145

は行

パイこね変換　44, 45
パッチネス　78, 84
ばね振り子　60, 61
ハミルトニアン　65

反応・拡散方程式　68, 69, 72, 73, 77,
　　78, 84, 105, 106, 108, 117, 118,
　　179
反応・対流・拡散方程式　69, 71, 74,
　　75, 78, 84
BZ反応　71, 72
非平衡開放系　112, 113, 115, 120, 135,
　　139
不安定　5, 6, 8, 10, 11, 29-31, 39, 41,
　　55, 76, 84, 87, 91, 95, 101, 104,
　　105
ファン・デル・ポールの振動子　107
フラクタル　44, 45, 100-102, 116, 129,
　　139
フラクタル次元　129, 130
分岐図　7, 32, 37, 49-51
ヘテロクリニック軌道　43, 45
偏微分方程式　2, 68, 70, 71, 81, 83, 84,
　　102, 104, 108, 116, 172, 173
ポアッソン方程式　113, 114, 116-118,
　　120-125, 127, 132, 134, 140-142,
　　145, 147
ポアンカレ写像　19, 65, 66, 96-100
ポアンカレ断面　19, 99
保存系　45-47, 54-56, 59, 61, 95, 96
ホップ分岐　33, 37, 38
ホモクリニック軌道　43, 45, 91, 93
ホリングの(捕食・被食)応答関数　10,
　　11, 14-17, 40

ま行

無次元化　3-5, 49, 68

や行

ヤコビアン（行列） 26-28, 33, 34, 41, 46, 95

有限差分法 113, 120, 139-141, 148

ら行

ラグランジュ関数 56, 57, 60

ラグランジュ方程式 57, 60

ラプラス方程式 114, 116-118, 120, 122, 124, 126, 127, 140, 141, 147

リアプノフ指数 44, 45

離散力学系 3, 13, 14, 22

リミットサイクル 11-13, 17, 20, 36-39, 47-51, 55, 72, 76, 79, 84, 90, 101-104, 106-108

リペラ 31, 39, 42, 103, 104

流域 8, 100-102

ルンゲ＝クッタ法 22-24, 35, 36, 59, 81, 83, 84, 108, 118, 170, 172, 173

レスラーアトラクタ 90

連続力学系 2-5, 13, 14, 20, 26, 49, 68, 91, 171-173

ローレンツアトラクタ 90, 96-98

ロジスティック写像 13, 14

ロジスティック方程式 3-6, 11, 14, 15, 21, 26, 30, 32, 47

ロトカ＝ヴォルテラ方程式 8-11, 21, 47, 54, 55

著者紹介：

芹沢　浩（せりざわ・ひろし）

1952年2月8日生まれ
1971年〜1977年　東北大学理学部物理学科
1977年〜1979年　東北大学大学院工学研究科応用物理学専攻修士課程
1979年〜2005年　東京都教員，都立永山高等学校教諭，都立青鳥養護学校教諭など
2002年〜2004年　JICA（国際協力機構）シニアボランティアとしてヨルダンに現職派遣．アラブアカデミー，国立ジョルダン大学，国立ムタ大学などでJavaの講義を担当
2006年〜2008年　横浜国立大学大学院環境情報学府環境生命学専攻博士課程
2009年〜2014年　横浜国立大学大学院環境情報研究院客員研究員
工学博士
専　　門：複雑系，カオス，フラクタル，数理生態学，非平衡熱力学など
主要著書：『フラクタル紀行』(1993, 森北出版)，『カオスの現象学』(1993, 東京図書)，『複素数とフラクタル』(1995, 東京図書)，『CによるWindowsグラフィックス入門』(1997, 森北出版)，『Javaグラフィクス完全制覇』(2002, 技術評論社) など
ホームページ：http://www001.upp.so-net.ne.jp/seri-cf/
……『カオス＆フラクタル紀行』

微分方程式による数理モデルと複雑系

2015年11月13日　初版1刷発行

著　者　　芹沢　浩
発行者　　富田　淳
発行所　　株式会社　現代数学社
〒606-8425 京都市左京区鹿ヶ谷西寺ノ前町1
TEL 075 (751) 0727　FAX 075 (744) 0906
http://www.gensu.co.jp/

検印省略

© Hiroshi Serizawa,
2015　Printed in Japan

印刷・製本　　亜細亜印刷株式会社
装　丁　　Espace／espace3@me.com

落丁・乱丁はお取替え致します．

ISBN 978-4-7687-0448-6